生活中的心理学

○拿捏关系 成就高情商自我

柏燕谊 著 ◀

 中国出版集团有限公司

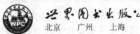

图书在版编目（CIP）数据

生活中的心理学：拿捏关系成就高情商自我 / 柏燕谊著. —北京：世界图书出版有限公司北京分公司，2023.11（2024.7 重印）
ISBN 978-7-5232-0928-8

Ⅰ.①生… Ⅱ.①柏… Ⅲ.①成功心理—通俗读物 Ⅳ.①B848.4-49

中国国家版本馆CIP数据核字（2023）第206010号

书　　名	生活中的心理学：拿捏关系成就高情商自我
	SHENGHUO ZHONG DE XINLIXUE
著　　者	柏燕谊
特约策划	刘　丹　马　骋　郭海英
特约编辑	郭海英　马　骋　王自梅　边竹昱　师冬平
责任编辑	李晓庆
装帧设计	黑白熊
出版发行	世界图书出版有限公司北京分公司
地　　址	北京市东城区朝内大街137号
邮　　编	100010
电　　话	010-64038355（发行）　　64037380（客服）
网　　址	http://www.wpcbj.com.cn
邮　　箱	wpcbjst@vip.163.com
销　　售	新华书店
印　　刷	中煤（北京）印务有限公司
开　　本	880mm×1230mm　1/32
印　　张	9
字　　数	150千字
版　　次	2023年11月第1版
印　　次	2024年7月第2次印刷
国际书号	ISBN 978-7-5232-0928-8
定　　价	58.00元

目录

前言　精神分析下的爱与痛

不论你是心理工作者、教育工作者，还是普通的爸爸妈妈，本书都可以带给你启发，引发你思考。我希望能够通过真诚的分享，对你的亲子关系、婚姻关系和工作关系提供积极而有建设性的帮助。

人是怎么活着的？可能有人会觉得这个问题特别无聊。人活着不就是吃喝拉撒睡吗？这种活法其实是一种动物性的活法。

如果只是这么活着，人和动物有何区别？人与动物不同，正因为人有思想，同时处在各种社会关系之中。也就是说，我们活着，除了吃喝拉撒睡，还得做出很多努力，比如需要通过学习、工作，实现自我价值。学习、工作是我们活着的基础之一，也是能力的来源。此外，我们还有特别重要的一部分，那就是情感生活。家人、朋友是内在情感体验非常重要的一部分。作为一个人活在这个世界上，既要有学习、工作的能力，又要有自己的情感体验。这些加在一起，才是我们活着的全貌。这也是人和动物的根本差别。也就是说，人是有思想、意识、社会化的需求和社会化的能力的。

具有社会化的能力，我们就一定能活得好吗？我想，答案是不一定。崔永元曾是中央电视台的知名节目主持人，他主持的节目大家都特别爱看。他有渊博的学识、很强的社会影响力，生活富裕、家庭美满，但是患上了抑郁症。再看看我们身边的人。在疫情防控结束前后，休学孩子的比例大幅上升。越来越多的青少年沉迷于手机游戏，甚至离家出走。他们既没有社会竞争的压力，也没有经济压力，却出现了各种心理问题。我至今依然非常怀念的"哥哥"张国荣也因为抑郁症跳楼自杀。

他们显然不缺乏社会化的能力，还有创造情感的能力，但为何依然不能轻松地活着呢？我们除了从生物视角、现实视角去审视外，还要从心理学的视角了解背后的原因。对于以前的人而言，不具备心理学视角不会有太大影响，因为那时物资匮乏，只要好好挣钱，一家人吃饱穿暖就好。人都是先管肚子，再管脑子，这是个体需要的基本发展过程。

　　随着社会的发展，我们过渡到了需要"管脑子"的阶段。大量信息争抢我们的注意力，让我们十分忐忑。这种忐忑来得比以往任何时候都要强烈。这与社会文化的发展也有关系。以前，毕业后国家给分配工作，老了后国家帮养老。现在追求的是自主性，你要为自己的人生负责，要为自己的养老负责，个人的个体性就突显出来了。这就导致人把注意力更多集中在自我发展上。此时，心理学视角就尤为重要了。

　　在北京从事心理咨询工作期间，我发现一到寒暑假，学生的咨询特别多。刚开学的一段时间，学生的咨询也很多。是他们缺乏学习能力吗？这些孩子多来自重点高中或名牌大学，显然不缺乏学习能力。那为什么一个人在拥有能力后，依然感到不快乐呢？我们可以从精神分析的视角看待这个问题。

弗洛伊德是精神分析的鼻祖。我们崇拜他，因为是他让我们知道了很多不曾知道的事。但我们似乎应该"讨厌"他，因为他让我们知道了我们不知道这一事实。

你以为的，真的是你以为的样子吗？

弗洛伊德的潜意识论告诉我们，人的命运是由潜意识决定的。潜意识的重要特征之一就是它的不可知性。所谓不可知性，就是你根本不知道潜意识的存在和运行。早在胎儿时期，潜意识就已经蛰伏在你的记忆深处。之后，你的诸多经历（比如尿床、吃奶）都会沉淀到意识深处。我们会因为这样或那样的事情，在内心产生很多冲突。为了让这些冲突平衡，很多"掩耳盗铃"的现象就出现了。人会用一种自我的、心理的、难以觉知的方式进行平衡。在精神分析的视角下，我们是活在内在的、不可知的潜意识中的。

有的人在潜意识中觉得自己特别糟糕。张国荣曾在采访中说过，一旦人们知道他真实的样子，就会厌恶他，他并非外界想的那么完美。这种内在的自我厌恶和愤怒，会在现实层面不自觉地影响他的生活与工作。可能他在潜意识中并不认为自己是成功者，所以在现实层面无意识地打击自己。我们对这种现象并不陌生。

弗洛伊德说过，人是活在驱力当中的。驱力，也叫作力比多、性驱力，指的是一种能够获得快乐、愉悦、爱的满足的心理能量。人是活在追求舒服、快乐、满足的驱力中的。人还有另外一种驱力——攻击性。攻击性就是当个体不高兴、愤怒时对外进行释放的行为，比如：你让我不高兴，我就跟你嚷嚷，你再跟我急，我就跟你动武；你把孩子管得太严，孩子就"掉链子""摆烂"，甚至生病。这些都是攻击性的表达。攻击性可能表现为语言攻击，也可能表现为行为攻击。

　　有人会说，我没有经历过以上这些情况，那为什么我依然会抑郁？我的孩子并非难产，家庭和睦，从小也没被溺爱或苛待，为何他依然会出现问题？没有遭遇挫折、创伤并不代表一个人就一定不会出现问题。因为每一天，人都是活在压力下的。人一出生就开始奔向死亡，这是生物发展的规律，也引发了人本能的内在压力。人一直在经历巨大的环境变化。我们出生前在子宫里，一切都是温暖、安全的，能够享受母体的爱与营养。然后通过挤压、穿过产道，我们来到这个世界上，突然间暴露在空气当中，必须要呼吸才能生存，必须要用尽全力，吸吮乳头才能吃饱。所有的生存模式都变了。这样的体验——虽然已经不在我们的记忆当中——是一次生死的体验。我们每个人都是穿过"生死门"来到这个世界上的，最后也会穿过"生死门"，离开这个世界。

当感到饥饿时，婴儿期待的是妈妈喂奶，但不太可能一秒不差，当时就能得到满足。当婴儿有了饥饿感时，他除了向世界发出愤怒、无助的号哭外，什么也做不了。在那一瞬间，他有了被死亡逼近的感受。这种恐惧、不安、破坏性的体验成了他内在的一部分。

一定要找到吃的，这种想法的背后是性驱力。当你想吃东西却没有第一时间得到吃的，并因此产生了愤怒时，攻击驱力就出现了。在满足需求的过程中，人开始慢慢成长。愤怒是成长的起点。这就是弗洛伊德精神分析的视角。

在新精神分析的视角下，妈妈和婴儿的关系，也就是母婴关系（更客观的表述是婴儿和主要养育者之间的关系），是最重要的关系。一位妈妈说她必须时时刻刻（尤其是在晚上）抱着孩子，一放就哭。她就这样抱了孩子三年，直到情绪崩溃。她问我："为什么有的孩子很好养，我的孩子就那么敏感呢？"我们可以从关系层面来理解这个现象。关系决定了一个孩子内在的心理发展状态，决定了孩子是不是有足够的安全感，是不是能够被很好地理解，跟妈妈是不是同频、共生的状态，能不能感到特别快乐、舒服。

还有一种精神分析的重要视角——自恋。从在妈妈肚子里开始，"我"就是世界的中心。因为在子宫里，除了"我"没有别人（双胞胎或多胞胎除外），"我"完全不用为吃喝拉撒睡操心，自然而然就能得到满足。这种全然得到满足的自恋成了活着的一种特别重要的东西。当孩子的需求被正确地理解并满足时，他内在的自恋感就会激增。如果一个人在成长过程中是被忽略的，他就会觉得自己的存在可能是不真实的。如果他被虐待，就会产生"我的存在是多余的，我是被讨厌的"这种内在价值判断；如果他经常被批评、指责，他就会产生羞耻感、停滞感。一个人的自恋，决定了他内在人格的健康程度。

健康的人格，是个体认为自我是有力量的、正确的、恰当的感受。性格是一种特质，是一个人对现实的稳定态度，以及在与这种态度相对应的、习惯化的行为方式中表现出来的人格特征，比如开朗、外向、活泼。

如果你想去了解你的家庭中到底发生了什么，你的工作为什么出现问题，那么一个可用的方法就是拥有心理学的视角。我们可以从心理学的视角理解人是怎么活在这个世界上的。我们有性驱力、攻击驱力，有对于关系的重要思考，更有自己内在的自恋部分。

当你从精神分析的视角去审视这个世界和每个人时，你就能看得更加清晰、深入，不会只是停留在谁对谁错的层面，也不会纠结于表面的冲突。你将拥有找出问题根源、解决问题，或是帮助来访者（如果你励志成为一名心理咨询师）找到问题根源、解决问题的信心和能力。

第一章

给孩子的爱，60 分足够

"妈妈"，是我们学会的第一个词。即便只是轻轻说出口，很多人心中也有暖意涌动。可惜，并非所有的孩子都有这种感受。

我在咨询室曾接待过一个30多岁的"男孩"。一旦提及妈妈，他就有一种特别强烈的流泪的冲动。但这既不是感动，也并非思念，而是一种深深的愧疚。

还有人一提到妈妈，就浑身紧张。曾有一个来访者说，只要你不提妈妈，说什么都行。因为一想到妈妈，他就感觉有一双眼睛正通过窗户缝盯着他，毛骨悚然。

妈妈，如此温暖的词语，为何带给人的感受千差万别？那一定是和做妈妈的方式有关。怎样的妈妈才是一个好妈妈呢？

也许作为妈妈，你会说："孩子没想到的，我替他想到了，孩子没说出的话，我替他说出来了，孩子没做到的，我替他做到了，孩子感到不舒服的事，我替他处理好了。我也算得上是一个100分的妈妈了吧？"然而，这真的就是好妈妈吗？

这个例子，大家一看就能明了。桌上本有一只花瓶，那我们应该把花插在何处？可能你会说："这还用问吗？插在瓶子里呀！"没错，但我们还得留心这个花瓶是否留有插花的空间。

黄山的迎客松在岩石的缝隙中生长，也是同样的情况。缝隙也好，花瓶中空也好，必须存在空间，生命才会出现和发展。

妈妈帮孩子想到、说到、办到，这样所谓的"100分妈妈"，对孩子来说是灾难性的。她的无处不在、无所不能，让孩子感受不到自己的力量。

为什么？就像花和松，缝隙没了，生存、发展的空间也就没了。在100分妈妈面前，孩子会失去感受自己的空间。

中国文化最讲究留白的艺术，留白即空间的艺术。妈妈要学会"留白"，也就是留给孩子自己去想象、探索、感受的空间。可以说，妈妈偶尔的缺席，留出了一个很重要的缝隙，给予了孩子成长的空间。

记得那是一个下雪天，在我家门口的小广场上，一个三四岁的小孩流着鼻涕在雪地上跑，突然摔了个"大马趴"。当时我心里咯噔一下，这摔得得多瓷实呀，牙别给磕掉了。我以为孩子肯定会号啕大哭。出人意料的是，那孩子以迅雷不及掩耳之势，瞟了一眼周围，观察到除了远处的小伙伴外没有任何人，随即"骨碌"一下起来了，身上的雪没掸，痛处也没揉，继续疯跑。我不由感叹，生命的力量，真的太有趣了。这就是生命成长的缝隙。

再比如说，在有上幼儿园的孩子的家庭里，早晨的时间往往特别紧张。家长从起床、洗漱到送孩子去幼儿园，一刻都不能耽误，这样才能保证自己上班不会迟到。往往这时候，孩子系扣子、刷牙都很慢，一方面是因为没睡够，本我在发挥着作用，"我还想睡，我不想起"；另一方面是因为穿衣服、刷牙还不熟练。此时，如果妈妈总是出手，一边念叨"你怎么那么慢呀"，一边帮孩子洗漱、穿衣，什么都替他做了，那么这个孩子就会失去成长的缝隙。

没有缝隙，光就照不进来。只有在光能照进来的地方，孩子才能创造更多的可能性。在孩子的成长中，妈妈作为一个保护者，必须允许缝隙的存在。当孩子摔倒时，要先观察一下，看看孩子的反应，而不是立即出手。

妈妈成为缝隙的制造者，对孩子而言更具价值。这就是英国心理学家、著名儿童治疗师温尼科特口中的"足够好的妈妈"。

有人担心，60分的妈妈，会不会是一个缺席的妈妈。答案很肯定，不是。缺席的妈妈往往不是因忙碌而缺席，而是因为情感和注意力没有恰当地投注在孩子身上。

　　最常见到的缺席的妈妈，是产后抑郁的妈妈。母婴在互动中可以达到同频的状态。当孩子躺在妈妈的怀里，看着妈妈的眼睛时，妈妈一笑，孩子也笑，妈妈叹气，孩子也皱眉，妈妈随之担心孩子是饿了还是得换尿布，这就是母子同频的状态。这种能够同频发展的现象被称为镜映，能够让孩子更清晰地感受自己，及时得到满足，回避危险。然而，很多产后抑郁的妈妈没有镜映的能力。内在力量的枯竭导致她的注意力和情感经历不能够完全投注在孩子身上。所以，产后抑郁的妈妈，需要我们特别的关注、支持和帮助。

　　曾经有一家的奶奶、姥姥带着家里四岁的小孙女找我咨询。让她们特别担忧的是孩子的吃饭问题。她们带孩子去医院做完各种检查后，医生表示孩子的身体没有问题，建议她们找儿童心理老师评估一下。原来，妈妈生下孩子之后，就不管孩子了，不喂奶，不抱，也不哄睡。后来，经诊断，妈妈患上了产后抑郁，孩子只能在奶奶和姥姥的共同养育之下长大。

第二次咨询时，我要求孩子父母参与，结果爸爸非常坚定地表示不来。我问老人，爸爸到底在忙什么。孩子已经出现了行为问题，难道都不能让他稍微调整一下时间吗？真相是，爸爸忙着打游戏呢！孩子的爸爸已经二十多岁了，还无法履行一个父亲的角色。孩子妈妈倒是来了，却让我心里一紧。这位妈妈身高大概一米七，体重看着却不到七十斤。当提到她和孩子的关系时，她的回答是："我根本连看都不想看她一眼。我也恨我自己这个样子，也无数次想要去惩罚自己！"这是典型的产后抑郁状态。

在我的引导下，慢慢地，这位年轻妈妈开始诉说她的成长经历。从她小时候开始，妈妈和婆婆就是好姐妹，一起玩儿、一起吃、一起逛街、一起看电影，恨不得睡在一起。所以她从小就有一个错觉：妈妈不是属于她的，是属于婆婆的。但是，当她和妈妈独处时，或者一家三口在一起时，妈妈又显得至高无上、无所不能。妈妈能挣钱，是家里的顶梁柱，家里的车子、别墅全是妈妈挣回来的。不仅如此，妈妈还把家里打理得特别好。她们家从没请过阿姨，屋子都是妈妈收拾，饭也是妈妈在做。她说："从小到大，好像从没有任何时候，需要我去做点儿什么。我从来没有感觉到我就是我。很多人说我身在福中不知福。但是，我感觉自己就像一只被困在蜘蛛网里的小蝴蝶，没有力量，也没有自由，甚至有一种窒息的感觉。每天在这种状态下，我能活着，都已经很不容易了，再没有能力去关注我的孩子了。"

我们遗憾地看到，在一个100分妈妈的陪伴下，这个女孩子虽然拼尽全力，却成长为一个10分的妈妈。我们既不能做一个100分妈妈，也不能做一个10分妈妈，而是要努力成长为60分妈妈。

但是，做60分妈妈太难了。做10分妈妈比较容易，因为可以轻言放弃。做100分妈妈其实也挺容易的。虽然很累、很辛苦，但一切事情尽在掌控中，有强烈的获得感。比如，看到哪儿脏，你立马给擦了，心里就舒服了；孩子鞋带开了，你立马给系上了，心里就踏实了；你让孩子学写字，孩子写了，而且写对了，你心里就会想"我这个妈妈可太棒了"。100分妈妈和10分妈妈的孩子要不然会有一种窒息感，要不然就像悬在空中一般，没有归属感。没有归属感的孩子很容易出现精神病性问题或者比较严重的心理障碍，比如进食问题、抽动、多动、自闭或精神分裂。

一个特别有意思的现象是：100分妈妈的孩子常常会不自觉地迎合妈妈100分的期许。克莱茵的客体关系学派特别强调母婴关系对于孩子内在人格形成的重要性。在我带的团体中，经常有妈妈跟我说，孩子不能接受分床睡。还有妈妈曾跟我讨论她们的梦，梦里清晰地呈现出她们的无力感、匮乏感，以及对亲密关系的不确定感和恐惧感。我们可以从下面的对话中看出：

我："你跟你先生最近怎样？"

一位妈妈："就那样。孩子睡中间，我们偶尔睡前聊聊天。不聊天时，他打游戏，我睡觉，或者他睡觉，我翻翻书。"

我："你孩子多大了，还睡你俩中间。"

她："儿子已经七八岁了。"

另一位妈妈："我们家姑娘也是七八岁。我和她睡床上，爸爸就睡阳台上搭的单人床。"

我："为什么孩子都这么大了，还在一起睡？"

两位妈妈的答案基本一致：分不了床。如果让孩子自己睡，孩子就会哭闹。总之，孩子会以各种理由停留在妈妈身边。

在心理学中，孩子不能分床睡，其实是孩子在无意识中满足妈妈害怕分开的心理需求。妈妈的内在究竟有什么感受呢？她内心特别渴望有一段情感关系只属于自己，而且永远只属于自己，特别害怕属于自己的情感关系消失。那什么样的情感关系才能不消失呢？答案是母婴关系，因为它是一种共生状态。但是孩子会长大。当孩子身上显现必然出现的生命规律时，妈妈潜意识中的担心，就会不由自主地变换成不易察觉的对孩子的引导。

在某次连续三天的工作坊中，我给家长们讲与孩子分房睡的重要性、技术和方法。第二天，一个妈妈来找我，说："柏老师，我昨天按您的方法做了，不太好使。"我问她，具体怎么做的。她说："我按您说的，先给孩子洗澡，跟他玩平和的游戏，然后带他去我们共同布置的房间，打开他喜欢的灯，放他喜欢的背景音乐，给他讲故事，床上还摆上了他很喜欢的玩具。等这些事儿都做好了，我把灯调到最暗，走出了房间，把门关上。结果，孩子过了一会儿开始哭闹。最后，我只能和他一起睡。"

我继续追问："他哭闹前，有没有发生过什么？"她说："也没发生什么。当时，我突然间有一种特别强烈的悲伤、说不出来的酸涩，这种感觉堵在我嗓子眼里，马上就要变成眼泪流出来了。我心里有一个想法，觉得儿子以后长大了，就得抱着别的女人睡了，我才抱了四五年。这个念头出来后，我心里五味杂陈。但我啥也没干，只是把卧室已经关上的门，又稍微推开了一下，从门缝里看了一会儿，看着孩子躺在那儿揉搓他的玩具熊。就在我刚准备离开时，孩子突然睁开了眼睛，然后就哭了，说：'不行，我怕黑'。"

其实，这就是妈妈潜意识当中的需求，只是这个妈妈自己没意识到。再深入沟通，我发现这位妈妈也好，团体成长小组的其他妈妈也好，都有自己深层次的原因。

一位妈妈是因为从小自己的妈妈体弱多病，不是今天住院，就是明天收到病危通知，所以她总是停留在害怕失去妈妈的恐惧之中。另一个妈妈从小父亲去世得早，妈妈要照顾家里四位老人，不得不把她寄养在亲戚家，所以她自幼失去了爸爸，又在象征层面上失去了妈妈。还有一位妈妈从小家里重男轻女，一家人的注意力、情感都在跟她相差一岁半的弟弟身上。这三位妈妈都有一个共同点，那就是她们从未真正拥有过健康、温暖、稳定、持续的关系。她们的内心会有一个缺口。在有了孩子后，孩子弥补了她们的缺口。在潜意识中，她们特别害怕与孩子分开。她们的孩子敏锐地捕捉到了这一点。

想跟大家分享一首诗——《那棵树》：

下面的妈妈总在哭泣、哭泣，

于是我知道了她；

有一次我躺在她的腿上，

就像现在躺在死去的树上一样；

我学会了使她微笑，

抑制她的眼泪，

免去她的罪过，

治愈她内部的死亡；

我的生活就是为了激活她的生活。

这首诗的作者是温尼科特。他提出了"足够好的妈妈"（good-enough mother）这个概念。继心理学家克莱茵之后，温尼科特提出了很多非常有价值的理论和概念，在儿童心理学、儿童心理治疗领域影响深远。他有一个特别有意思的观点：世界上没有单独的婴儿，因为有婴儿就有妈妈，这是成对的关系。上面那首诗就生动地描绘了这样一种关系和现象。

在本质上，母婴关系就是一种妈妈把自己内在的情感投射给孩子的关系。如果妈妈内在有失去的恐惧，就会觉得孩子害怕分离，要陪伴他。这时候孩子会产生认同，也就是投射性认同。这是克莱茵提出的非常重要的理论。孩子捕捉到了妈妈需要自己，于是就以自己害怕来满足妈妈的需要。在温尼科特的那首诗中，我们可以特别清晰地看到这一点。

有很多孩子因为妈妈对爸爸的怨恨，在成年后无法在现实层面顺利地谈恋爱，甚至影响考学、工作。他们需要让自己停留在妈妈的生命中，陪伴妈妈，缓解妈妈的孤独、悲伤。肯定有很多妈妈拒绝这样的说法。但是，综合诸多著名心理学家的研究成果，我们发现：其实，孩子在通过行为症状或者躯体症状，让妈妈有一个合理的理由，留在自己身边。很多妈妈会觉得，不是她不想出去上班，是孩子离不开她；不是她不想跟老公单独睡，是孩子不能单独睡；不是她不想让孩子分床，是因为孩子有哮喘，她晚上得看着他；等等。

妈妈留在孩子的生命中，和孩子共生，这样的状态可以合理地持续下去。在心理学上，这样的状态其实就是孩子在以投射性认同的方式，捕捉妈妈内在的需求，认同这个需求，并且满足这一需求。

温尼科特还发展出一个特别重要的概念——假自体，即孩子会为了满足妈妈的内在自尊，让妈妈高兴，去做自我建设，而不是为了自己去做自我建设。

在这种情况下，很多人成年之后就会像得了"空心病"，他的内在自我是空洞的，身处的关系是不确定、没有安全感的，或者自我的方向性是不清晰的。所以，即使上了重点大学，已经功成名就，他依然会有一种空虚感——如果他不做这一切，就是不真实的，就会马上消失。这种假自体使个体无论表现得多么优秀、出色、成功，都不能产生殷实感、充实感、满足感、快乐感、幸福感和稳定感。人要这么活一辈子，非得把自己累病不可。

如果你还是想做100分妈妈，那一定是你需要，因为你需要被需要。这话听着有点儿绕。因为你需要被需要，所以你一定要制造出一个需要你的对象。在成人世界中，你不可能要求你的爱人一直需要你，他也是一个独立的人。最好的对象当然是孩子，因为你不用教他，从生下来他就需要妈妈，无时无刻不需要妈妈。很多妈妈正是因为自己需要这种感受，就把这种被需要的关系无限拉长，让孩子离不开自己（当然，这往往都是潜意识中的）。在这类妈妈看来，如果她什么都做到了，孩子就离不开她了；如果她什么都比孩子强，孩子就不会那么强，就会离不开她；如果她什么都正确，孩子什么都错误，孩子就会离不开她。不管是"妈宝"，还是"啃老"，孩子一定有一个在情感层面上恐惧的、饥饿的、不安的、悲伤的妈妈。

那怎么做好60分妈妈呢？这需要我们作为一个成年人，完成内在自我的探索和修正。这样，我们才有可能给予孩子良好的母婴关系，给他的成长留足缝隙，让光照进来。一个60分妈妈就是孩子最为宝贵，也最为恰当的起跑线。

第二章

你的孩子不是你的孩子

你的孩子不是你的孩子，这话说得奇怪。你可能会疑惑，"不是我的孩子，那能是谁的孩子"？但现实确实如此。

你的孩子与你血脉相承，你对他有很多期待、希望，你与他心心相连，这是你和孩子的关系。但在整个人生旅程中，他有他的使命和价值。每个孩子都要完善他自己，成为一个独立的个体。

你常常希望，孩子能够按照你所期待的人生轨迹发展，比如你希望他成为歌唱家，他得好好唱歌；你希望他成为钢琴家，他得好好练琴。但很多时候往往事与愿违。孩子在三岁或五岁前，会比较愿意配合父母对他的安排、教育。在此之后，孩子会有特别强烈的自我意识，不听父母的。到了青春期，他可能表现为你让他干什么，他偏偏不干什么，让你感觉特别绝望。在咨询的过程中，我发现很多孩子都会出现一种对立、冲突、矛盾的现象。

一个人在建立一种关系之前，先得属于他自己。比如说，我是爸爸妈妈的女儿，是丈夫的爱人，是孩子的母亲。在建立这些关系之前，我得先是我自己。弗洛伊德提出了一个非常重要的人格学说，即人是由"本我""自我""超我"三部分组成，借由这三部分完成自我内在的建构。

本我就是本来的我，本我以快乐为目标。人一出生就具有原始的动物性，比如我想吃什么，想几点睡，想玩什么，想学什么，或者是我想搞点儿什么破坏。本我就是"我怎么高兴，就怎么来"。然而，人只有本我，就能在这世上好好地活着吗？那是一定不能的。

如果一个躺在床上的婴儿大小便，我们一般不会责骂他，反而会很开心，因为他还是婴儿，不具备控制大小便的能力，而且我们能通过观察排泄物，判断他发育是否正常。如果一个幼儿园的孩子在课堂上大小便，就需要家长和老师严肃对待了。如果一个小学生看到同学的本子觉得喜欢就占为己有，不想上课就起身回家，那老师一定会建议家长带孩子去医院诊断一下，看看孩子是否发育迟滞，是否有自闭症导致他没有办法融入环境，是否家庭教育出了问题。

　　人要有所为，有所不为。不为是因为有规则在。规则是我们每个人内在的一套标准。这就是超我。超我是怎么来的？父母可能会用"你听话，我就给你冰激凌吃""你听话，我就让你多玩半小时""好好学习，爸爸妈妈周末带你去看电影"等类似的奖励方式，或者通过惩罚的方式，比如"如果你敢不好好做，我就打你""你敢起晚了，我就骂你""你跟某某某一样，就是个废物"等，让孩子对自己形成约束。当一个人的内在总是有一种"我稍微做错了一点儿，就会被惩罚"，或者"我做了错事被惩罚，这让我沮丧、不舒服"，又或者感受到肢体上的疼痛感时，人就会因为恐惧、害怕、忌惮，完成对自我的管理和约束。

在每个家庭中，爸爸妈妈的规则性、生活习惯、价值观等，都会通过与孩子的互动，以一种管理、引导或奖励的方式传递给孩子。这就是孩子的超我的来源。

有次我做直播时，一个妈妈说，她家女儿才十四岁，就已经不上学了。但凡家人多跟她说两句，她就拿刀子划自己，说要跳楼、不活了。可是，这个妈妈对女儿真的很尊重，不苛刻，女儿跟爸爸的情感关系也不错。我问她，那以前呢？人不可能就活在这两年。她说以前自己的脾气确实不好。刚生下孩子时，她还有一些轻微的产后抑郁。在孩子小的时候，她特别暴躁。她还记得，孩子三岁左右不太听话，她一生气就会打骂孩子，总把孩子吓得大哭。

你看，在孩子的成长中，家长的严格要求已经成为孩子内在的标准和规则。孩子的超我已经形成，不会因为现实中父母改变、成长、有了教育意识、掌握了更好的教育方法而轻易改变。这个孩子依然会出现问题，因为她内在的父母，内在那个自我严格、自我限制、自我评价的超我已经形成了。

本我是以快乐为原则的。在它的指导下，个体想干什么就干什么。超我管理和约束着本我，让本我不能这样、不能那样。当内在的两个我开始打架时，怎么办？这时候就出现了自我。自我就像一个天平或者跷跷板，帮助本我和超我保持动态的平衡，避免冲突。

很多家长在面对孩子不上学、不写作业的时候，就特别容易冒火。他们也知道这个时候不该打他、骂他，因为一旦在这种状态下打骂孩子，就会激发孩子的叛逆。很多家长也知道此时应该平心静气、和颜悦色，晓之以理，动之以情。是的，我们每个人都知道此刻应该做什么，不应该做什么，但是为什么做不到呢？因为应该做什么不是我们自己决定的，而是别人规定的。

有一位女士，已过不惑之年，是家里的独生女。父母已近古稀，是过去的大学生。父母对这位女士的教育打小就特别严厉，以惩罚式教育为主。这位女士说，家里有一根藤条，那就是打她用的。她和哥哥都是在这根藤条的鞭笞下长大的。如果做得不好，就会被抽打，所以只能做好。

在她成为一个母亲后，每当她的孩子不写作业、拖沓、走神，那根已经融入她的超我的藤条就会出现。她觉得如果不管孩子，让孩子懒散的状态立马消失，孩子就会被不知道哪里来的那根无情的藤条抽打，进而被淘汰，被人厌恶。她的脑子里有应该对孩子和颜悦色、谆谆教诲的外在标准，她所做的却是大喊大叫。她的孩子在初三时突然抑郁、不想上学，就是因为此时孩子压力过大，孩子的信心完全丧失了。

人会干拧巴的事，根源都是内在的超我太过庞大，对它有太多的限制，又对惩罚、危险、不好的结果有太多的设想。在家里不应该嚷嚷，对同事应该宽容，对兄弟姐妹必须友爱，这些所谓的"应该""必须"都不能支持人协调自己内在的情绪和行为。所以我们常说，人的心中有一个开关，只要这个开关被触动，就会产生抑制不住的表达。

有一个女孩在妈妈肚子里的时候，妈妈就和爸爸离婚了，而且是被婆家扫地出门，也就是被抛弃了。妈妈刚生下她，就嫁给了村里的一个老光棍，因为她是个女孩，所以特别嫌弃她。后来，妈妈又生了一个儿子。继父重男轻女，是一个在人际、社会功能方面有局限性的人。在这样的状态下，这个女孩产生了一种"如果别人没回应我，那他就是瞧不起我"的思维模式。她觉得，如果别人说"你怎么这么说"，那就是嫌弃她；如果别人对她不是特别热情，那就是对她有意见。根源就在于她自己内在的自卑感。在现实中，她表现出来的自我状态就是充满攻击性。

无论你的孩子现在的状态是积极阳光、乐观开朗，还是胆怯恐惧、心不在焉，其实都根源于本我和超我的平衡。如果一个人内在感到特别恐惧不安，外在可能就会表现得很怯懦；如果一个人内心很自卑，外在就会变得具有攻击性。

自我是本我和超我调节出来的产物。孩子的问题，比如玩手机、打游戏、咬指甲或是抑郁等，都是他内在自我在现实层面的表达。这些问题是平衡本我和超我的冲突的体现。孩子也可能通过跟朋友倾诉、学习、运动等良性方式处理这些冲突。

曾有位三十七岁的女士想来北京找我做咨询，但是她得先做好妈妈的思想工作。她的妈妈已快八旬。我问她为什么要带上妈妈来咨询。她说她这半辈子被妈妈给毁了，只有妈妈变好了，她才能变好。这其实是一个十分错误的想法。

对于孩子来说，外在环境对其成长特别重要，因为它会成为孩子自我管理的标准、自我评价的参照物。对于成年人来说，父母已经没那么重要了，但是内心当中的那根藤条，又或是那根棒棒糖，依然在发挥作用。

有朋友说，自己明明在北京工作，爸妈在福建，但是只要吃饭时，看到桌上还有剩菜，就会觉得不舒服，就算吃撑了，也得把它吃光。其实这是他内在的超我，也就是他内化了的父母在说话。那个声音在说，如果浪费，你就不是一个优秀的人、好人、善良正直的人。即使现实中的妈妈告诉他"隔夜的东西别吃了"，也没有用，因为他内心当中那个超我已经根深蒂固。

对于孩子来说，调整他的家庭关系非常重要。对成年人而言，尤其是对于抑郁症或是焦虑症患者来说，要调整的是他内在的人格结构当中本我和超我的平衡。

　　正如纪伯伦的诗《你的孩子其实不是你的孩子》所写："你的孩子，其实不是你的孩子，他们是生命因自身渴望而诞生的孩子。他们通过你来到这世界，却非因你而来，他们在你身边，并不属于你。"

第三章

多孩家庭如何培养手足之情？

随着多孩政策的放开，独生子女家庭的比例大幅下降。对很多父母来说，这既是"福音"，也可能产生新的烦恼。

在独生子女家庭中，家里就一根"独苗"，所有的情感关注、自我价值感的延续、自恋的延续等都集中在这一个孩子身上。孩子既承担了"光宗耀祖"的责任，又发挥了承受父母情绪、为父母提供情感安慰的功能。他必须安全、健康地成长，竭尽所能地避免意外与疾病。因为对于孩子和家庭来说，他是唯一。正因为他的唯一性，所以他不被允许做很多事情，不敢犯错。

那么，多子女家庭的"福音"是什么呢？实际上，对于很多父母而言，多子女家庭打破了唯一性，子女之间能够互补。比如，这个孩子可能学习不好，身体好，那个孩子身体不好，但是非常聪明。多子女家庭的父母最头疼的问题是什么呢？那就是如果父母自己是独生子女，没有同胞竞争的经验，那么在面对子女间的矛盾冲突时，很容易束手无策。

都说亲兄弟姐妹是"一个娘肚子里生出来"的，血浓于水，但他们之间总是会有很多冲突和纷争，比如大的不让着小的，小的觉得大的霸道等。这个时候父母往往会非常头疼。

许多找我做咨询的家长都遇到过类似的问题。比如，家长让老大让着弟弟或妹妹，说的时候老大答应得挺好，真遇到事儿时，就变得特别计较。为什么家长跟孩子讲道理时他能懂，却不真心接受呢？这个时候我们就要谈到人的潜意识。

从精神分析的角度讲，关系绕不开潜意识。潜意识有怎样的特点呢？第一，潜意识是非理性的。它遵循快乐原则，被各种情绪所掌控。第二，潜意识是不

可知的，因为它在后台操作，你意识不到它。第三，
潜意识和时间没有关系。过往的情感创伤会在现实生
活当中再现。它可能随时出现扰乱你。第四，潜意识
是无道德感的。潜意识不讲究公序良俗、是非对错，
压抑冲动、渴望，具有破坏性。

　　潜意识给我们的现实生活带来了诸多影响。对于
孩子而言，在与同胞的竞争中，他需要优于其他兄弟
姐妹——我是爸爸妈妈的心头肉，我是爸爸妈妈最欣
赏、最爱的，是对他们来说最重要、最有价值的孩
子，从而完成对自己存在的确认。那么，在同胞关系
中，孩子可能会想"为什么不能只有我一个就好，为
什么还要生一个弟弟出来？""是不是因为我是女孩
子，所以我不那么重要？""再生一个弟弟或妹妹，
是不是我让他们失望了？""爸爸妈妈在生弟弟或妹
妹之后，这个不让我碰，那个不让我摸，我被父母拒
绝了，我被父母指责了！"。孩子对父母有一种特别
强烈的忠诚的本能，他会把父母理想化、合理化，也

就是说，当他被父母指责、质疑时，他不会认为父母不够好、没有考虑周全，他只会想肯定是谁让爸妈说他了，让爸妈对他生气了，这个人特别讨厌、不应该存在，这个人肯定是那个刚出生的弟弟或妹妹。

很多妈妈告诉我，在生第二个或第三个孩子前，自己跟家里的老大做了很多沟通，说得好好的，但是等老二或老三出生后，依然会有争夺、冲突、矛盾。

为什么之前说好的事，等发生时就不灵了呢？那是因为之前说好的事情，让孩子产生了美好的、片面的想象——他和弟弟妹妹能够一起做很多快乐的事。但在现实生活中，资源是有限的，妈妈的精力是有限的，这对一个孩子来说，是不可能充分预估的。当事情真的发生时，他会产生挫败感，觉得"妈妈没有听我的，妈妈没有相信我，妈妈没有向着我"。这种情绪被转移到弟弟妹妹身上，弟弟妹妹开始跟他竞争。所以，不管是我们内心渴望成为"爱的唯一"，还是在现实生活中对资源的竞争，都会促使矛盾关系的形成。

爸爸妈妈对于这类冲突和矛盾的承受能力受到了考验。在我的一个咨询团体中，有两个女孩子总是针尖对麦芒。经过了解，我发现她们在成长过程中都有一些创伤经历。其中一个女孩从小被寄养在亲戚家，上学后才被接回家。另一个女孩在出生前父亲去世，妈妈又带着出生不久的她改嫁，后来妈妈和继父又生了一个弟弟。所以，在她们的情感世界里都有一种怀疑——我是不是真正地被妈妈爱着和需要。因为她们内在的这种创伤性体验的存在，所以在身处团体中时，她们会不自觉地在潜意识的推动下，想要确认自己是不是安全的、是不是被团体的带领者接受、欣赏和喜欢的。这让她们不自觉地进入竞争关系中。在团体工作的过程中，我尝试不断去呈现她们两人在潜意识推动下产生的竞争关系，让她们看见自己内心当中对爱的唯一性的渴望以及对自己被欣赏、被爱的渴望，让这种潜意识的渴望意识化。让渴望得到适当满足，个体才有机会改变，获得内在的治愈和成长。

退一步讲，在家庭生活中，即便没有这样的创伤，个体也会因为突然出现一个资源掠夺者而引发竞争。谁不希望自己成为爸爸妈妈的全部呢？在妈妈肚子里时，自己是那个唯一的存在（双胞胎、多胞胎除外），所以我们都会认为一对一的关系是理所应当的。为什么很多家庭中的老二或老三都有一种特别强烈的想要超越的渴望？这是因为在小时候，那个在身旁走来走去的哥哥或姐姐，让他有了那种被掩盖、被压制、被比下去的体验和感受。他会想，一定要证明自己比他人更好，比他人更值得拥有，比他人更值得被爱护。

其实在大部分家庭中，只要父母得到适当引导，学会理解孩子内在的渴望，就能做到智慧地处理和平衡孩子间的关系。比如，当孩子间出现纷争时，只要没有出格的行为出现，父母就不应该过多干涉。因为在孩子的心里，情感联结是天生的。当他们发生冲突后，内在会有破坏关系的愧疚感和自责感，也会有想要补偿和挽回的愿望。在家庭当中，同胞竞争过于惨烈，比如我以前参与北京电视台《第三调解室》节目时，遇到有些兄弟姐妹为了遗产大打出手，为了父母赡养问题反目成仇，这可能多少都和父母曾以不恰当的方式处理孩子间的冲突有很大的关系。

父母几乎会把自己所有的自恋投射到第一个孩子身上。这个孩子在他生命的最初是父母全部自恋的延续。小小的孩子还肩负着父母自我渴望的延伸，承担着父母自我补偿的功能。就算后面的孩子再怎么可爱，对于父母而言，他的地位都远远不如第一个孩子。因此，对后面出生的孩子来说，他生下来就要挣脱挫败感、追赶、超越。

父母还会在无意识中比较几个孩子，比如有些父母会说"你看哥哥多聪明啊，你看姐姐多认真啊，你看哥哥都考上重点中学了"。难道老二、老三就没有努力吗？他们也在努力，只不过小了好几岁。在哥哥钢琴弹得特厉害的时候，他们还不会爬！这种对比是很不公平的。因为老大是父母自恋的延伸，所以他的每一次成长都给父母带来了巨大的欣喜感和幸福感，父母可能因此忽略了第二或第三个孩子。后面的孩子也渴望成为最好的、唯一的。这个时候，他可能会产生嫉妒。原本他应该有的母爱和父爱，被哥哥或姐姐抢走了大部分。哥哥姐姐有了他应该得到却没能得到的东西，那愤怒对他来说也是必然的。这种愤怒，一部分是对于同胞的愤怒，另一部分是对于父母不公平的愤怒。

除此之外，很多父母自己本就是带着创伤长大的。所以在面对第一个孩子时，会把所有的渴望、遗憾，全部投注在孩子身上。有的父母可能刚好相反。当孩子刚出生时，弱小的他总是会给爸妈找事，让爸妈手忙脚乱，晚上睡不了整觉。孩子这种脆弱和无能的状态会引发父母的无力感、脆弱感和羞耻感。当他们带着这种羞耻感去面对第一个新生命时，就会把对自己的不满和愤怒投射到孩子身上，然后可能会对他很严厉，甚至对他有攻击性的表达。

在我接手的咨询案例中，这样的现象并不少见。有一个五十多岁的大姐为父母养老送终，对父母唯命是从，甚至为了照顾父母，远离自己的家庭和孩子。她说，她是从小最不被待见的那个，甚至当她的二妹、三妹出生后，她被送到乡下去生活了好几年。那时，她觉得自己被抛弃了。她在那儿养成了农村的生活方式和习惯。当她被接回家里时，父母原本投射在她身上的嫌弃，在她的格格不入中凸显出来。她说，她永远是家里的替罪羊、出气筒。所以，为了让自己对爸爸妈妈来说是有价值的，是值得被爱的，是不弱于弟弟妹妹的，她特别努力，选择以牺牲自我的方式赡养父母，为他们养老送终，甚至与兄弟姐妹打得头破血流，痛斥弟弟妹妹不够孝顺、懂事。

父母把自己的哪个部分投射到哪个孩子身上，大多数时候都是随机的。孩子可能成为父母内在光明部分的继承者，也可能成为父母内在黑暗部分的继承者。当然，光明还是黑暗的延伸往往不是绝对的，而是相对的和隐蔽的。

有一个妈妈的家庭非常重男轻女，因此当她生下一个男孩时，她对这个儿子非常溺爱。表面上看来，这好像是对父母的认同，对家族文化的延续。但她对孩子的溺爱也成了对孩子的隐蔽伤害。在她的潜意识当中有着非常隐秘的攻击性表达，她将对爸爸妈妈的愤怒、对抢夺了爸爸妈妈的同胞的愤怒，转移到儿子身上。

还有一个妈妈是完美主义者，她必须时刻让家庭保持和睦。所以当家里出现任何事时，她都拒绝探究背后的原因，而是以惩罚、控制孩子的方式，让家庭保持和谐。结果就是孩子没有被充分理解和呵护，不能在和兄弟姐妹发生的冲突中成长和自我发现。现实中很可能会出现这样一种现象：孩子们为了满足妈妈制造完美家庭的需求，压抑了自己因唯一性、自恋而产生的愤怒；当他们长大后，彼此可能比较疏离、客气，不像是同胞。

总之，同胞竞争的始作俑者，一方面与人性有关，另一方面主要在于父母在孩子生命最初的时光里对他们的态度。父母内在的自卑、骄傲，想要回避的、传递的，都会作用到孩子身上，形成他的内在自我。孩子们分别承接了父母的某部分投射，这加剧了他们之间的对比、矛盾和冲突，使同胞竞争变得更加惨烈。

想让孩子们有手足之情，首先，父母需要做到内在和谐一致，这样孩子的状态才会是平和的。其次，父母需要有更多的自我觉察，能意识到自己投射了哪些部分到孩子身上，让潜意识意识化，避免问题的产生。最后，如果矛盾不可避免地发生了，尽量减少干涉，更不能过度干涉，而是要在适当的范围内顺其自然，相信孩子内在美好的部分，对孩子之间的感情有信心，明白这也是孩子们学习人际交往技巧、增进感情的宝贵机会。

第四章

别让孩子成了你的替罪羊

孩子的问题，真的只是孩子的问题吗？答案是否定的。孩子的问题不一定是孩子的问题，还有可能是父母自身问题的投射。

投射是一个重要的心理学概念，也是一种常见的心理防御机制。关于投射，直白地说，就是"我自己接受不了，承受不了，就将它投放到其他人身上"的一种心理现象。比如，买东西有赠品，我可能想多拿一个，贪便宜，又怕被人发现。此时，刚好有个人一口气多拿好几个。我们可能会想，这人很自私，他拿完了，别人就没有了。这就是投射。

我们每个人的注意力都会被内心的渴望所占据，于是我们会关注与内在需求匹配的外部事件。我有一段亲身经历很能说明问题。有一年，我们家要换车。

我就想着把原有的小轿车换成适合女性开的SUV——更高、更宽敞，安全性更好。等选定车型后，我走在马路上突然发现，开这款车的人好多呀！同样，我的朋友也有类似的经历。恋爱谈了两年多，她打算结婚，也开始备孕。她说，自从备孕起，就发现身边全是孕妇！

是不是因为我要换车，突然间马路上同款车才多的？是不是因为准备生宝宝，突然间身边才全是孕妇？一定不是这样的。那是因为你的注意力自然而然地投射出去了，你更容易关注到你所渴望的。

在家庭中，投射非常容易出现，尤其是在父母与孩子之间。曾有一个妈妈的孩子没有上过幼儿园、没有遭遇入园的分离痛苦和环境适应的焦虑，在长大后出现了不小的问题。到了小学，孩子不会跟同龄人打交道，也不容易交朋友，还总是被忽略、欺负。我问这个妈妈，真的一天幼儿园都没上过？她特别骄傲地说："就一天。我把她送到了幼儿园，但没走。趁老师不注意，我偷偷溜进去，趴在后门的窗户看女儿。她就坐在窗户底下，一边叠小手绢，一边抹眼泪。那一瞬间，我心疼得不行。那么小的孩子，那么懂事，不哭不闹，又那么可怜！"当时她二话不说，冲进教室把女儿抱了出来。之后，孩子再没去过幼儿园。这就是典型的投射。因为妈妈自己舍不得与孩子分开，想去看一眼，才会发生后来孩子再也没去幼儿园的情况。

从出生到三岁半，妈妈一直跟着这个孩子，寸步不离，也没有带孩子参与聚会或户外活动。自然，孩子不可能像天天在外疯玩的小朋友，跟谁都能自来熟，或是像在有兄弟姐妹的大家庭中成长起来的孩子，习得一些处理人际关系的技巧，具有耐受的能力。这个孩子一直是妈妈一个人带的，几乎没有社交，也没有集体活动，所以第一天到幼儿园，她突然要面对陌生的环境时，不知道如何面对，感到孤独、悲伤，都是正常的。此时，如果妈妈能给孩子空间，可能就会有小朋友走过来，问她："你为什么哭呀？我们一起玩吧！"她就有可能建立同伴关系。或者老师发现了这个孩子，过来邀请她，她可能就会慢慢适应这个环境，获得与人打交道的技巧。但是，这个妈妈当时的绝望、孤独和无助，让她马上将孩子带离了那个环境，剥夺了孩子学习、适应和成长的宝贵机会。

显然，这跟妈妈自己的成长经历有关。在她四五岁时，她的妈妈就去世了。她说，自己到现在还记得妈妈去世那天，天气特别冷，天空飘着蒙蒙细雨。大人们都在忙碌，她一个人待在二楼，根本没人记起她。她又冷又饿，很害怕，却不知道发生了什么，只能静静地趴着。那种孤独、无助、被遗忘的感觉太可怕了。所以，当她看到女儿那个样子时，承受不住，她得让孩子得到更多的关爱。这就是特别典型的投射。投射一旦发生，就会变相地剥夺孩子成长、学习的机会。

家庭中的投射现象可能十分隐蔽。父母可能会把自己内在的无能、懦弱、不安全感、脆弱、恐惧等，投射到孩子身上。

有一次，在我参与的一档电视节目录制中，一个三十七八岁的女士当众感谢妈妈对她无私的爱，因为口误，她把无私说成了自私。从精神分析的视角看，口误本身是潜意识的表达。这个口误可能是一不留神把心里话说了出来。这位女士说，她妈妈是一个特别要强的人，对她有很多期待，打小就培养她学钢琴、学跳舞。后来，她真的成了舞蹈工作者。她说，妈妈的爱无微不至。她上幼儿园、小学、中学、大学，甚至参加工作，妈妈风雨无阻，每天接送她上学、上班。直到她谈了男朋友，妈妈才不去了。我问她的妈妈为什么要天天接送女儿。她的回答是：路上车多，坏人也多，得保护女儿。这又是一例特别典型的投射。这个妈妈把自己内心的无力感、不安全感投射到女儿身上，认为女儿没有保护自己、照顾自己的能力。其实，这完全是她自己内心的需求。她通过投射，将孩子牢牢地关在爱的花园里，连只蜜蜂都不放进来，从而满足自己想要被保护、被陪伴的需要，以获得安全感。

当女儿长到二十七八岁，开始谈男朋友时，问题出现了。每段恋爱都持续不了太长时间，因为她觉得对方不爱自己，不能像妈妈一样，无微不至地照顾自己。一个、两个都谈不好，等谈到第三个时，她开始担心自己年龄大了被对方嫌弃，因而产生了被羞辱的感觉。当她上节目时，已经不打算谈恋爱了。她说，现在就想做好自己的舞蹈工作室，然后再和妈妈去世界各地看看。她的妈妈在诉说心愿时，却希望她健康、快乐，找个对象，拥有幸福的家庭，毕竟自己肯定会走在她的前面。话虽如此，但是这位妈妈连上、下班都要陪着女儿，女儿开工作室，也会帮着管财务、做饭。在现实中，一旦涉及分离，这个妈妈就将内心的不安全感、孤独感投射到孩子身上，怕孩子闷，怕孩子寂寞，要时刻陪着她。那孩子会怎样呢？对于这种分离，女儿也会不适应，也会有分离焦虑，潜意识里可能也想满足妈妈的需求。为此，上大学时，这个女儿还在学校边上租了房，只为和妈妈同住。那别人看到的都是这个孩子的问题：独立性不强，生活不能自理，到了大学都离不开妈妈，恋爱也不顺利。

这种隐蔽的投射还会有另一种表现，那就是对孩子的不信任。在我接到的咨询中，有很多家长会觉得，自己一离开，孩子就做不好事情。不监督孩子写作业，孩子就一定会偷懒，这其实是家长自己有一种突破规则的渴望。很多家长都说，孩子一写作业就拖拖拉拉的。可能从最开始，他们就让孩子觉得不慢才是错的。当然，这是存在于潜意识当中的。潜意识虽不可知，却控制着我们的行为。为什么孩子可能认为拖拖拉拉才是对的呢？这可能是妈妈内在需要的一种投射。在我的团体中，一个妈妈说，只要孩子一写作业，她就在旁边看着，记录时间，给予正向鼓励，比如"你今天半个小时就写完作业了，太高效了，该奖"。但是，孩子之后依然拖拖拉拉。以下是我们的对话。

问：你为什么非要看着他呢？不看着他，会怎么样呢？

答：怕他走神，不认真，写字姿势不对，或出现问题我没有及时发现，没有帮他纠正。

问：那你试过不看着他吗？

答：这还用试啊？不用试，我们家孩子就那样。你现在看着他，他还拖拖拉拉、磨磨叽叽的呢！

问：那你从没试过，又怎么知道，不看着他，就一定会出问题呢？

答：我就是知道。我小时候就这样，我妈会一直看着我。只要她不要求我，监督我，我就特别容易走神或者想做点儿别的。

现在她的孩子上四年级，她还是觉得，如果不看着孩子，他就会突破规则，不能自律，出问题。这个妈妈成长于一个比较严格的家庭，特别渴望成为规则的挑战者、破坏者。也就是说，这个妈妈将自己内在破坏和挑战规则的冲动，投射给了孩子。她认为孩子一定也有这样的企图，所以才要看着他，避免出现这样的情况。此时，孩子得到的暗示是：我不被看着，就会去调皮捣蛋；我不被看着，就会管不住自己；我不被看着，就会被投射一种无力感和挫败感。

因此，孩子的问题可能真的不完全是孩子的问题，还有一部分是父母的投射。父母可能把自己的问题变成了孩子的问题。这就是我们常说的，孩子是家庭问题的表达者、代言人、替罪羊。实际上，孩子就像一张白纸，父母在他身上涂涂抹抹，让他最终成了现在的样子。涂抹的内容中，有父母积极的投射，比如有力量的、不害怕困难的、能够面对分离的、自信的，也有父母消极的部分，比如恐惧的、焦虑的、孤独的、自私的。作为父母，如果你自己的问题得不到解决，就会投射到孩子身上，成为孩子的问题。

想要解决孩子的问题，真正的突破口在于父母先解决自己的问题。只有自己改变、成长了，孩子的问题才会迎刃而解。

第五章

谁在控制我的身体？

　　根据精神分析创始人弗洛伊德的观点，人的心理发展过程就是性心理发展过程。他将该过程分为五个阶段，分别是口欲期、肛欲期、性器期、潜伏器和生殖器期。这五个阶段决定了人从出生开始，如何了解世界以及获得"我是主宰者"的权力感。

　　我们首先通过嘴与世界接触和认识，并获得一种安全感。婴儿需要吃奶来获得食物和滋养，从而拥有饱腹感以及相应的安全感。这种安全感一方面来自生理上的满足，另一方面来自父母的接纳——允许我吮吸奶头，让我能够获得生存的基本营养。在吮吸奶头的过程中，也会伴随着快乐和满足。因为人是通过嘴来完成与世界的首次接触的，所以第一个发展阶段就叫口欲期。

在生活中，你会发现小婴儿不光用嘴吃奶，还会把各种东西往嘴里送，给他玩具他会咬，给他画册他也咬。有人会说，这看着特别不舒服。其实，这种不舒服源自成人的一种焦虑感。因为成人可能会觉得撕咬有破坏性，或是不安全、不卫生。但对婴儿来说，他需要通过嘴来感受世界是硬的还是软的，是易撕扯的还是有韧性的，是凉的还是热的。他必须通过嘴完成对周围世界的认识。

也有不少家长说，孩子已经三岁了，还是特别喜欢吮吸手指头，尤其是吮吸大拇指。甚至还有孩子已经上小学了，没事就咬铅笔，咬指甲。前段时间我去讲课，一位家长告诉我，儿子已经八九岁了，但还是爱吮吸手指头。于是，我跟她探讨其中的可能性，比如没有安全感，太焦虑，学习压力大等。结果她说，孩子爸爸三十来岁了，也吮吸手指头，对此她很困惑。这位爸爸停留在了用嘴感知世界的心理阶段。

那么，这个含在嘴里的大拇指有什么作用呢？其实它是一个过渡性客体。过渡性客体是由著名心理学大师温尼科特提出来的。简单来讲，过渡性客体就是一个妈妈的替代品。以前都是由妈妈去完成孩子与世界的联结的。当孩子跟妈妈逐渐出现分化时，孩子就需要通过一个替代性的物品继续与世界接触，才有安全感。这个替代性的物品可能是一个小玩具熊，或者是一条小被单、小枕巾。这个物品是不可清洗、不可替换的，因为孩子已经赋予了这个物品特别而神圣的意义。这个物品既代表和象征妈妈，又代表孩子内心与世界的联结。通过这个物品的陪伴，孩子获得了自己内在的安全感。温尼科特还说，人这一辈子都是需要过渡性客体的。孩子或爱人都有可能是我们的过渡性客体。

当我们看见孩子在不断地吮吸他的大拇指时，要清楚地知道，这不是一个卫生与否的问题。如果非要从卫生的角度出发，切断这个孩子与世界联结的渠道，那他内在的安全感就会被夺走，内心当中很多无法处理的情感、情绪就会积压下来，对他造成伤害。通过吮吸放在嘴里的这个大拇指，他依然在通过嘴获得安全感、满足感。很明显，他是有这样的需要的。

在口欲期，人通过嘴来获得对这个世界的掌控感和权力感。很多家长所说的喂奶和断奶问题，其实就是孩子没能充分地通过嘴部去感受世界造成的。这种情况对孩子来说，会产生一定的影响。如果孩子长期吃母乳，就会拥有更多的安全感和力量感吗？当然不是。这其实是一个误解。

口欲期之后是肛欲期。在这个时期，孩子能不能按照自己的意愿去排便是最关键的。很多家长会想要训练孩子大小便，一位法国儿童心理治疗师在其写的书中就谈到了这个问题。人其实从出生开始，排便就无须训练。就像吃奶，不用教他，天生就会。排便也是不用教的，人自然就会。当人的神经系统发育成熟后，他自然就会完成对排便的自我调整。

以前在农村，有很多孩子直接穿着大袍子在外边玩耍，想拉就蹲那儿拉，想撒尿就蹲那儿撒。他们长大后并不会出现尿床、尿裤子的现象，就是因为他们长到一定阶段，自然而然就学会了排泄。但是，为何这个自然而然的过程现在成了问题呢？这是成年人的教育焦虑的体现。家长会急于训练孩子，在固定的时间完成固定的排便。这个问题类似于人是应该饿了才吃东西，还是必须到点就吃东西。难道我们不该尊重自己生理上的感受吗？不饿却为了吃而吃，是对规则的臣服，是为了迎合制定规则的人，让他感觉到安全和没有被挑衅。但是人需要在合适的阶段，学会通过控制括约肌完成排泄，完成对自己身体的控制，以获得一种自主的感觉。心理学有一种说法：如果一个孩子太早不尿床、不拉在裤子里，就很可能出现生殖系统发育的问题。

当然，我们可以引导孩子具有规则意识，但绝不能强迫。不能让孩子觉得，在规定的时间里没有拉出来或撒出来，就很羞耻。在做婴儿观察时，很多观察者会发现，当妈妈看到孩子在自己希望的时间和地点，排泄出特别光滑、软硬适中、颜色很好的便便时，喜悦感十分强烈。对于很多过早就能控制大小便的孩子来说，他的内在是为了讨好养育者（通常是妈妈）。如果对孩子排便的管理过于严苛，甚至让他有羞耻感，他就会产生关于"我的身体到底谁说了算"的内在冲突，甚至对外来的这种权力和管理感到很愤怒。在现实生活中，这样的孩子很容易出现拖延等表现。拖延就是"我就不按照你要求的做，我一定要按自己的节奏做"，其实这是一种在肛欲期被过度管理、过度控制的压抑状态，一种对权力丧失的愤怒。

肛欲期出现问题的另一种现实表现就是过分守时。我的一位来访者是二十八岁的男性，明明咨询是10：00点开始，但他每次都在9:58左右进入咨询室等候区。我们一起咨询三年多，每周一次，次次如此，不管刮风下雨，还是天气晴朗。可以看得出他是一位强大的时间管理者。但是，当一个人把自己机械化后，他就会出现更多的内在消耗。过度守时或是拖延，本身都是肛欲期没有得到充分发展的状态。也就是说，在他小时候，家庭对他的排便有过度的要求，甚至带有道德性的评价，比如"你真棒"。当排便被赋予非生理性的意义时，孩子一看到妈妈微笑、皱眉，就会有特别强烈的愧疚感，就可能不是为了自己的需要去排泄，而是为了满足另一个人的需要。这种现象还有一些变形的表达，比如过度注重卫生、整洁，或是极其邋遢。上面提到的来访者也是永远衣着整洁、一丝不苟，发型三年如一日，没有任何变化。

当我们再次提及亲子之间的权力斗争时，首先要关注的是生命的主体对于自己的身体是否具有自主权。应该说，任何生命对自己的身体都是具有这样的自主权的。在这一前提下，家长、咨询师或者治疗师在与孩子一起生活、陪伴他成长或开展咨询工作时，对他的状态要有充分的理解和尊重，而不是强迫他改变。不管是过度守时还是过度邋遢，都是当事人在用一种象征的方式，去表达"我需要自主权，我需要被尊重"。

那是不是满足得越多越好呢？也不是。所谓过犹不及。人都有惰性。人在某个阶段太过满足，就很容易停留在原地。

二到五岁是肛欲发展的重要时期，这个时期的主题就是"谁说了算"。很多家长会引导这个年龄段的孩子去发现和发展兴趣。这个阶段的孩子有一个很有趣的现象：明明是他说"妈妈，我特别想去学钢琴"，妈妈高兴地给他买钢琴、请老师，结果学了十几次之后，他打死也不去了，还表示"你再让我学，我就死给你看"。很多家长会感觉孩子特别容易对新奇的东西产生兴趣，但是又持续不了太长时间。其实这是关于谁说了算的问题。我喜欢一个东西，就要享受它。在这个过程中，我体验到了愉悦感和控制的快感。妈妈可能会觉得"既然你有这个能力，有这个需要，那我们就把它变成一个任务，在规定时间里，按规定的内容、规定的节奏去完成"，这类似"你必须在我要求的时间里坐到小便盆上，而不是在你需要的时间里"。兴趣也是如此。孩子刚开始喜欢跳舞、弹钢琴，妈妈立刻就说一周要学几个新动作，弹会几小节，这时孩子就会感到"不是我需要，而是你需要我来完成"。如果这个过程太过迅速，没让孩子充分感受到他对这个事物的兴趣，体验到驾驭的快乐，他就会产生一种自主性、权力被剥夺的感受，进入对抗的状态。

对于这些现象的理解，能够让我们认识到如何在孩子的各个发展阶段，尊重孩子的自主权，让他获得对生命的控制感。在此基础上，我们适当地给予孩子一定的引导和建议，才不会和他发生冲突，或者给他一种压迫感。如果不这样做，孩子就会在成年之后出现一系列问题。很多抽烟的成年人其实就是在通过吮吸这样一个口欲期的动作，在象征层面获得安慰，缓解自己的内在焦虑。还有人说他不抽烟，但你会发现他特别爱唠叨，身边的人都特别反感他。其实，这也是在通过嘴部运动，从而获得安全感和释放焦虑。

我在做心理咨询的临床工作时，发现现在很多孩子都有进食问题，不是暴饮暴食，就是厌食。以厌食为例，孩子想表达"我不是为了自己的需求而吃，而是为了讨好妈妈，让妈妈高兴而吃"，但他又不能直接表达对这个权威者（也就是剥夺他自主性的主体）的愤怒，只能通过拒绝吮吸、咀嚼这样一种象征的方式表达愤怒。

有一个厌食症的女孩瘦得皮包骨头。一开始咨询时，所有的沟通都是女孩妈妈代为完成的。此外，她还替代女儿做了所有安排。这个女孩会有一种"我要拒绝一切权力的入侵，拒绝权威对我的控制"的愤怒。那她在象征层面上做了什么呢？那就是把嘴封上，关闭自己和这个世界最初的联结通道。

第六章

孩子跟你不亲，只因你不够强大

前段时间，一个妈妈在网上向我咨询，说她的儿子今年三十多了，跟她一点儿都不亲。问及原因，这个妈妈说自己结婚很早，跟丈夫感情不好，生完孩子就外出打工赚钱，孩子因此交给姥姥养育。虽然住在一起，这个妈妈却好像从未为孩子操过心，也没有跟孩子有过多的情感交流。她觉得自己的婚姻已然靠不住，还面临赡养老人、养育孩子等现实压力，只能每天早出晚归。因此，这个孩子等于是跟姥姥一起长大的。去年孩子的姥姥去世了，孩子陷入了抑郁的状态。当这个妈妈想去安慰孩子时，孩子拒绝了她。她这才觉察到，孩子跟她一点儿也不亲。

孩子在成长过程中是需要父母陪伴的。有很多外出务工的家长，一年就和孩子见一两次面。在这种状况下，爸爸妈妈在孩子的成长中是缺位的。有一个男孩告诉我，他从小是留守儿童，养成了讨好型人格，因为他不敢跟身边的人表达自己真实的情感，尤其是不满、愤怒、委屈、悲伤这样的情绪。因为一旦表达出来，就可能被批评，甚至有可能被其他一些不太友善的小伙伴欺负。当孩子的精神和情感世界中没有了父母的存在时，孩子自然只能靠自己寻找活下去的方式。

这通常会有两种方式。一种是寻找一个精神上的妈妈，就像开头案例中的男孩，将姥姥当成精神上的妈妈。但是这样的妈妈，真的能充分满足孩子的内在需求吗？显然是不行的，生老病死是人生规律。虽然面临死亡，我们会感到痛苦和悲伤，但不至于想要跟着逝者离开这个世界。那为什么这个男孩在精神上的妈妈，也就是在姥姥去世后不想活了呢？一个很重要的原因是他原始的需求，也就是安全感的需求没有得到满足。

这里涉及一个重要概念——夸大自体。这是一个自体心理学的概念，指人在出生时有一种全能感。即便在妈妈肚子里还是一个胎儿时，我们就是有意识的，也有很多功能。只不过这些功能被压制在潜意识中，不被我们记得。一个孩子出生后，他会觉得自己无所不能，可以随时召唤为自己服务的妈妈，也可以用哭声调动这个世界。这是一种夸大的自我认识。此后，在跟父母的互动中，孩子知道了能做什么，不能做什么。这种互动，包括了情感上的互动和行为上的互动。在与父母的互动中，孩子逐步完成了对自我的觉察，或是自我的发现。孩子需要在父母的陪伴下长大，从而获得价值感。当他感到父母守着他、牵挂他、惦记他，他在遇到困难时父母会帮助他时，他内在的自我就一定是充盈、真实、确定的。

开头案例中的那个男孩没有建立起与父母的情感联结，更没有产生自我价值感，所以他自恋的部分是特别受挫的。在这样的状态下，他容易跟父母不亲，甚至会出现对抗。同时，他本身有一个精神上的妈妈，这个精神上的妈妈可能已经占据了他生理上的妈妈本应有的位置。他无法背叛这个精神上已经认同的妈妈，无法跟亲生妈妈特别亲近。父母和孩子之间有一种特别天然的东西——忠诚。男孩会觉得，远离了精神上的妈妈，是一种不道德、羞耻、背叛的行为。

在我接触过的咨询案例中，有一个十六岁的女孩被诊断为双向情感障碍。她来找我做咨询时，她跟妈妈不亲，跟奶奶特亲。在女孩上一年级之前，奶奶跟他们一起生活，那时候父母工作很忙，妈妈和奶奶还有矛盾。所以这个妈妈在孩子的成长过程中是被边缘化的。当孩子上一年级后，妈妈觉得是时候去陪伴、教育、爱护孩子，完成一个好母亲的职责了。于是，她辞了职，回归家庭。这时，奶奶也从家里搬走了。妈妈和奶奶都没有与孩子充分地沟通。奶奶走时表现得很悲伤。奶奶走后，一旦讨论这个话题，妈妈就表现出强势或回避的态度。这让女孩有一个错觉——奶奶是被妈妈轰走的。所以，她对妈妈产生了对抗心理。

孩子跟妈妈不亲，不能说孩子不懂事、白眼狼。当孩子有一个精神上的妈妈，又要远离这个妈妈时，他就会出现一种混乱、自我否定的感觉。作为家长，我们需要跟孩子慢慢沟通，逐步让孩子接受分离。比如说，开头案例中的那位女士在经过咨询后，她和儿子常常谈论与姥姥一起生活的点点滴滴，用这种讨论和回忆往事的方式，进行充分哀悼。在哀悼的过程中，孩子与妈妈在情感上建立新的联结，慢慢有了依靠感和安全感。

在现实生活中，还有一种不亲的情况。一个妈妈告诉我，她以前脾气暴躁，对孩子说骂就骂，甚至还会打孩子。这种情况大概持续到孩子快十岁。因为孩子在学习上出现了问题，老师建议她改变现在的家庭关系。她为此学了很多家庭教育、儿童心理发展方面的知识，也改掉了之前的脾气和习惯。让她疑惑的是，最近三四年，她与孩子相处很好，与老公关系融洽，但最近十四岁的孩子突然跟她不亲了，举止叛逆。

如果孩子在较小的时候，没有通过父母的回应来完成对自己的认识，知道能做什么，不能做什么，那他内心就会产生愤怒的情绪。这种情绪有可能暂时消失，例如久别的妈妈回来了，妈妈突然对他很好。这时他会先去规范自己的行为，去接受妈妈的好。但是，他内心的愤怒和对自我的质疑，并不会彻底消失。等他到了青春期，在完成自我同一性的整合过程中，他会再次释放这些情绪。有时候，不亲的背后是被压抑的攻击性、不确定性、愤怒和不安全感。这些东西只是被暂时压制住了，并不是不存在。

我的一个来访者说，她的老公在外边跟谁都是彬彬有礼的，但在家里却没半句好听的话。因为面对陌生人，我们都会管理自我形象。我们在潜意识里希望与他人建立良好的关系，由于无法判断陌生对象是否安全，我们会担心真实的自我表达有可能被讨厌、攻击、惩罚。我们的内在一直有一种不安全感和不确定性，此时我们会本能地展现好的一面，说话也会很周到，很得体。所以，看起来好像是家长跟孩子不亲，或者跟孩子有一种距离感，其实是孩子对于关系没有安全感和确定感。他不确定父母是否允许他表达自己的情绪，关系会不会被破坏。这就出现了很多家长说的与孩子不亲的现象。

孩子和父母不亲会考验父母面对孩子的挑衅、试探甚至是攻击时，有没有承受能力。我接待过一个十四五岁的孩子，一段时间内我俩都聊得挺好的，突然有一天，他对我说，觉得我特别虚伪、恶心，因为觉得我所做的一切都是为了让他好好上学，不跟自己较劲，不迷恋游戏。他称我特别阴险。实际上，他在用这样的方式试探我。虽然此前我们已通过二十余次的咨询，建立了比较好的关系，但是当这一关系确立后，他突然间向我表达攻击性，破坏关系。这个时候，我不能辩解。对这个孩子来说，辩解是一种无力的表现。他会感觉，我否定了他的判断，否认了他的感受，不允许他这么想。

孩子和父母不亲还会让父母崩溃。有一个来访者是一个小女孩，她说这么多年来，她都特别痛苦，因为妈妈一直要求她努力、积极、上进，不允许她展现出一点儿不好。她总会有一种很强烈的羞耻感，做得不够完美就会感觉很丢脸。如果她想跟同学一起去玩，就会觉得自己不好，身为学生不能想这种事。要是名次下降了一名，她就会强烈地自责，用小刀子割伤自己，以此来惩罚自己。咨询一段时间后，我鼓励她去表达，告诉妈妈："妈妈，其实你让我有一种压迫感。我觉得如果我不优秀了，你会受不了，所以我必须优秀。"妈妈听了她的话后开始向她承认错误："是我不好，我错了，我对不起你。"然后，妈妈开始流泪，进而表现出崩溃，突然就给女儿跪下了。当时，那个女孩就愣了一下，立马转身过去，把窗户推开，准备从十四楼跳下去。只要向妈妈表达一点儿自

己最真实的情感，表达一点儿对妈妈的不满，妈妈就
会以这种崩溃的方式让她产生罪恶感。那个有力量的
妈妈被她在象征层面给杀掉了。这个妈妈虽然表面上
表达的是"我错了，我认错"，但实际表达的是"你
闭嘴，你不许这样说，你这样说我受不了"。

　　作为父母，当孩子表达这样的攻击性时，我们应
该跟他一起理解这种感受。可能这其中真的有我们的
原因。试想，如果你一直被别人嫌弃，像皮球一样踢
来踢去，突然有一天，有个人对你很好，你肯定会觉
得这个人不正常，或者说这不可能是真的。所以，首
先，我们要肯定孩子的这种感受是真实存在的，同时
去探究在互动过程中，是什么让他有这样的感受；其
次，我们要承认孩子感受的合理性，了解这种感受是
怎么来的，是不是生活中常有的。

　　我们刚才说了，孩子跟家长不亲，要不然是他心
里有一个精神上的妈妈，要不然就是孩子内心压抑了
很多对父母的愤怒、不信任、攻击等，导致他无法在

与父母的关系中确定自我的需求是否会被满足。孩子需要父母耐心地跟他沟通，尊重他之前的情感，慢慢跟父母建立关系。

孩子的内心有对父母的理想化，这是科胡特自体心理学的一个非常重要的概念。人一出生，除了有前文提到的夸大自我，还有理想化父母。人出生时是那么弱小，没有力量，为了让自己不至于崩溃、破碎，能够活下来，他将爸爸妈妈认作神，认为他们无所不能，力大无比。他搬不起来的小板凳，爸爸妈妈一下就能搬起来，他够不着的奶瓶，爸爸妈妈一下就能拿下来。爸爸妈妈就是神一般的存在。此外，孩子对父母还有一个特别强烈的渴望，那就是希望父母是无所不能的。当他的父母无所不能，或有绝对的力量、优势、能力时，他也就成了无所不能的一部分，他也是强大的。孩子通过这种方式，去感受自己内在的力量感。

一个四十多岁的女性来访者说，她的爸爸脾气特别暴躁，对妈妈尤为冷漠，她跟爸爸妈妈的情感关系一直处在非常冲突的状态中。她告诉我，在记忆中，四岁时她住在一个县城里，爸爸从外地打工回来过春节。她记得爸爸的毛笔字写得特别好。爸爸写完春联后，她会说："爸爸，你写的字太好看了，我要是能写成这样就好了！"这是一个四岁的孩子对于爸爸仰慕和爱的表达。爸爸刚开始是笑着的，当她说到第二遍、第三遍时，爸爸的笑容消失了，变得很愤怒。其实，这是她爸爸在用一种暴躁、夸张、虚张声势的方式，来掩盖自己内心的匮乏感。因为爸爸的内在是自卑和匮乏的，所以当女儿欣赏和赞美他时，他承接不住。为什么孩子一夸自己，有的父母就想赶紧把话题结束，拒绝孩子的夸奖呢？因为他认为做一个有力量、被美化、被捧在高处的人会很累，也不能肯定自己是否做得到，这些念头可能会引发他内在的羞耻感或者无力感，他承受不了。

孩子需要理想化的、无所不能的父母，但如果父母不能一直维持那样的状态，这个孩子就会有很强的失落感。有父母会说，孩子居然跟别人说自己不是他的亲生父母，亲生父母其实在国外，就职于某某研究所。所谓"狗不嫌家贫，子不嫌母丑"，孩子怎么能这么势利眼呢？这个时候，你会看到，当现实中的父母的内在力量不足以支撑孩子对父母的理想化，孩子内在想要被庇护的需要没有得到满足时，孩子就会臆想出理想化的父母。

孩子会希望父母能够成为一双有力的翅膀。如果父母做不到这一点，孩子就会有强烈的失落感。他会想，自己本身就很弱小，不想再成为弱小的一部分。所以他会无意识地拉开距离，让自己保持在安全存在的状态。所以，孩子跟父母不亲，我们也可以认为，是因为孩子在最初的生命阶段需要被看见，而他没有被看见，他很匮乏。如果父母现在能做到这一点，那么孩子一定会跟他们越来越亲。

第七章

婆媳起冲突都是因为爱

不管是在日常生活，还是在心理咨询中，婆媳冲突都是一个特别常见的问题。

冲突是过往的情绪、情感没有得到修通，需要在现实层面的关系中重现，在新的关系中完成对此前产生的恐惧的释怀。在现实生活中，我们可能一见到某个人就觉得这个人特别讨厌。从心理学角度分析，这可能是因为我们在曾经的关系中有未解决的部分。

有一位女士和她的一个女同事在同一个领导手下工作。她对那个同事怎么都看不顺眼。虽然别人都说那个同事好看、时尚，但这位女士就觉得对方特别媚俗。我了解后发现，实际上她俩之间存在很多竞争，尤其是这个同事是领导带过来的，所以她觉得，同事跟领导两人是一头的，自己则是外人。

经过深入探讨，我了解到，这位女士从小和妈妈、哥哥一起生活，爸爸外出打工。妈妈重男轻女，对哥哥永远是百依百顺，对她就看不见、不搭理，她常常被忽视、否定。妈妈看不见她，也不回应她，这对一个人来说，就是一种精神抹杀。在象征层面，这个女士在与妈妈的关系中处于死亡状态。她对哥哥是极其嫉妒的，把哥哥当成假想敌。她认为因为哥哥的存在，妈妈才看不见自己。在现实层面，领导和新同事原来就是工作搭档，有她所不知道的共同经历，有很好的情感基础。这种情况完美地再现了旧日妈妈和哥哥的亲密关系，这个女同事就成了她的假想敌。假想敌就是自己旧日的恐惧，是创伤的现实化表现。如果婆婆是我们莫名讨厌的人，那么婆婆可能成了我们的假想敌。

从精神分析的角度来看，冲突的背后就是渴望和障碍，就是说我对你有爱的渴望，但是我和你之间又有实现不了的障碍。有个女孩子和朋友一起去爬山，认识了一个男孩，发现两人很投缘。这个女孩比较蛮横，男孩对她特别包容，同时能够体察她强大的背后隐藏的脆弱。所以，这个女孩感觉一下子找到了心目中的理想对象，没多久就跟男孩一起去见了他的妈妈。这个妈妈是单亲妈妈。她说跟这个准婆婆真的是一见如故，感觉看见了另外一个自己，那种果断、积极、上进、要强、雷厉风行的状态跟自己一模一样。在没结婚前，别人都感叹，她和婆婆的关系那么好，就像姐俩似的。她也曾对此特别骄傲。但是，结婚以后，婆婆跟他们住在一起。当她的角色由女朋友变成了妻子时，突然间她跟婆婆的关系急转直下，就像是"一山不容二虎"，甚至有不共戴天、势不两立的感觉。

婆婆依然是以前的婆婆，但女孩和婆婆为何会从最初的惺惺相惜，转变为婚后的不共戴天呢？因为她的内在特别渴望被一个强大、优秀、有力量的妈妈承认。孩子在成长过程中，是渴望成为父亲、母亲的。

孩子都希望父母对自己有绝对的信任和认可，成为一个光荣的继承者。一些戏剧里的人物，比如俄狄浦斯、哈姆雷特等，都表现出这样一种渴望。上述例子中的女孩也有这样一种渴望，所以她一定会找一个强势的婆婆。即便不与这个男孩结婚，她也会找另一个类似的。因为只有这样的男孩，才能觉察到强势女性背后的脆弱，才会熟悉强势的现实表达方式。但是，一旦她进入他的家庭，就和他背后那个优秀的女人形成了一种相似的关系。这种关系就是曾经的恐惧的再现——"我没有办法超越妈妈"。

婆媳之间还存在一种竞争关系，那就是双方都特别渴望成为唯一重要的人。"一山不容二虎"，最终她们只能通过两虎相争来争夺唯一重要的位置。本来婆婆应该由自己的伴侣安抚不安的部分，因为伴侣缺失，儿子替代了这一角色。她在现实层面会觉得，女孩跟她儿子结婚没问题，因为她还是得让他幸福，这时她是活在"道德化"的妈妈的位置上的。要强如她，会有一个道德化的自我要求：我应该让我的儿子三十而立、娶妻生子，这是我作为妈妈的责任和荣耀；如果我的孩子娶不了媳妇，我这个妈妈就不合格。但人不能只活在道德层面。当突然间有人把她唯一的救命稻草抢走时，肯定会出现非常激烈的竞争。婆媳冲突也与这个女孩的经历有关。她在十一岁时，父母就离异了。她的妈妈整天唉声叹气，总有很多的抱怨，也没有去谈恋爱，更没法创造自己的幸福生活。所以，这个女孩内心很多跟妈妈未解决的冲突在婆媳的冲突当中再现。

以前的中国家庭几乎都是家族式的生活状态，也就是小家服从大家，以家族利益为重。很多婆婆在成长过程中，没有独立性，也没有爱的体验，活下来就很不错了。当她结婚后，可能出现跟丈夫关系不好等问题。在经济飞速发展的过程中，她产生了很多冲突性的观念，比如想离婚却觉得离婚丢人。很多女性的幸福和快乐都建立在与孩子的关系上。在这样的状态下，作为婆婆，当孩子结婚后成为别人的伴侣时，她会有被剥夺、被入侵的感觉。

其实，这与时代的发展变化也有关。我们刚好赶上了这样一个新旧转换的时代。现在婆媳问题常以冲突性的方式凸显出来。在过去，这都是以压抑性的方式存在的。我们常常听到老一辈人说，多年的媳妇熬成婆。也就是说，压抑到某一天，当我成为婆婆时，我也会以同样的方式对待我的儿媳妇，通过这种方式去释放过去压抑的部分。

还有一种情况是，婆婆嫉妒媳妇，这种嫉妒又是符合人性的。首先，在以前，婆婆不敢跟自己的婆婆较劲。一较劲，没准就会被揍一顿，甚至被休了，对于那个时代的女人而言，这是灭顶之灾。其次，她唯一的快乐就是与孩子在一起，后来孩子被一个更年轻的女人抢走了，她的快乐消失了。她对儿媳妇的嫉妒，不光是因为儿媳妇抢走了她的快乐，还因为儿媳妇年轻，赶上了好时候。

为什么有的人会对婆婆有特别多的愤怒呢？一方面，这可能是我们对妈妈爱恨情仇的转移性表达。另一方面，我们把婆婆看作理想化的妈妈，把对父母理想化的渴望投射到婆婆身上了。当这种渴望没有得到满足时，我们就会感到失望，甚至愤怒。

在第六章中，我们提到了妈妈作为主体，她的内在创伤和压抑，以及孩子对于妈妈的意义，那么婆婆在这个过程中，其实也是处于某个内在象征层面的位置的。

冲突的背后是渴望和障碍，阻碍她去实现她渴望的东西。在咨询中，把渴望和阻碍呈现出来并进行讨论，来访者才能有机会调整、改变、化解现实的冲突。否则，问题始终在那里。

在婆媳关系的问题上，我们不仅要懂得发生了什么，还要试着去理解婆婆内在的局限性。

在物理学中，能量的转移与转化具有方向性。比如，高温物体的热量会自动往低温物体转移，反之则不能。在心理学当中，人的能量也遵循相同的规律，能量高的人拥有更多改变和调整自己的可能性。婆媳冲突这个问题也是如此。婆婆受限于她成长的时代和环境，有她的局限性。而我们生活在新时代，如果我们没有能力看到她的局限性，更多地去理解她，就很容易陷在具体的事件当中，纠结于谁对谁错、谁好谁坏。

一旦陷入这样的纠结中，你的边界就会被突破。你本有能力守住自己的边界，却没有用心去守，最终破防失守。记得有这样一句话：只有你允许别人欺负你，别人才有可能欺负你。在此我们说的不是战争，也并非那些恶性事件，而是普通的人际关系。你的心灵边界破防了，失守了，别人就能进入，并跟你发生冲突。

我们越是不承认、拒绝婆婆，就越容易和婆婆发生冲突。我们要试着去承认、认可、理解婆婆。因为理解，所以包容；因为懂得，所以慈悲。

第八章

婆婆跟我抢孩子怎么办？

很多女性朋友说，老感觉婆婆在跟她抢孩子。我想借着这个话题，再聊聊婆媳关系。

女孩在成长过程中，会想要超越自己的妈妈，获得爸爸的爱，甚至替代妈妈，跟妈妈形成竞争关系。如果在与妈妈的竞争中，女孩没有得到满足，就会导致很多问题。

一个来找我咨询的妈妈描述了特别有意思的情况。她和女儿永远保持同步性。女儿小时候学钢琴，她也学，结果她弹得不比女儿差。女儿要考大学，她也跟女儿一起考，结果母女俩同时拿到了大学录取通知书。后来女儿要考研究生，她也去考，然后就读了MBA。

我告诉这位妈妈，她非常积极上进，又问她有没有想过，这样会让她女儿感觉妈妈永远比她强，无法战胜。她说，自己是以身作则，激励女儿。然而，我看到的是，她的女儿已经三十多岁了，带着一脸的青春痘，呆呆地坐在一边，不发一言。妈妈说什么，也只是敷衍地配合。她停留在一个很压抑的状态中。

如果妈妈说女儿唱歌特别好，妈妈就不行，妈妈好羡慕、好欣赏女儿，这样会让孩子觉得自己比妈妈强，但是妈妈因我的优秀、独特而感到欣喜。

如果妈妈说自己小时候没条件，如果有条件也想去学习，表现出一种深深的遗憾，孩子可能会想妈妈没有的，我居然有。孩子会感到愧疚、羞耻，不敢享受成功的、优秀的、被掌声围绕的感觉。因为一旦她获得成功和掌声，就会感到妈妈内在的遗憾和失落。生命就是如此神奇，能够敏锐地捕捉到别人身上压抑的东西。

我们来看看孩子跟妈妈的关系。孩子到底是什么？其实对于妈妈来说，孩子是自恋的产物。如果生了一个健康、漂亮、哭声洪亮的宝宝，妈妈就会觉得自己很有成就感，那种骄傲感、荣誉感是藏不住的。如果孩子生下来体弱多病，甚至可能有一些先天缺陷，妈妈就会有一种特别强烈的挫败感。这种挫败感，是自恋受挫，妈妈会通过愧疚、自责表现出来。她觉得对不起孩子，没有给孩子一个好身体。

有的妈妈经常会说自己的孩子笨，也是一种自恋的表达和投射。曾经有一个来访者是博士生。在她小学三年级时，妈妈被老师要求带她去医院诊断是不是发育迟缓。为什么会这样呢？这就跟她的父母有关了。她的父母都是高级知识分子，看起来特别光鲜、优秀、被人崇拜，有很高的学术成就。但是妈妈内心有很多无力感和匮乏感。当这个妈妈内在的无力感和匮乏感过多的时候，就特别容易投射到孩子身上，比如孩子写字慢了，她会说孩子笨，代孩子写字。这样就剥夺了很多孩子锻炼能力的机会。孩子可能就会看起来越来越笨，但是这不是真的。这个女孩小学毕业之后，在中学学习突飞猛进，突然间成了全校第一名，后来考上了大学，出国留学，一直读到博士。但是，到她读博士准备论文答辩的时候，突然间所有的症状都爆发了，她出现了重度抑郁的症状。

孩子其实是父母内在自我的现实表达。女性作为母亲，跟孩子的关系是很紧密的。女性跟婆婆的关系中有很多以往压抑的东西，比如对妈妈的愤怒，或者对自己作为女性的质疑。在这种情况下，女性很容易出现跟婆婆关系不好的感觉，甚至感觉婆婆在跟自己抢孩子。

有一个来访者说她的婆婆到家里指手画脚，说东说西。我问她："为什么不让婆婆回老家呢？你就自己和老公，请个保姆带孩子。孩子现在都上幼儿园大班了，明年上小学，这有什么不可以的呢？"她回答："大家不都是这么过来的嘛！那样多费钱呀！而且保姆做的饭不一定对胃口。"其实她的内在有两个需求：一个是我需要婆婆，还有一个是我需要婆婆服从我。当她不能舍弃这两个需求时，就出现了内在的冲突。内在的冲突会通过关系冲突呈现出来。

在我做节目的时候，有一次有人说："婆婆对我不好，婆婆跟我抢孩子。"我就问她："孩子今年多大了？"然后她说孩子今年都上小学了。这件事一直是她心中的一根刺。但是让她的现实生活变得无比混乱的，其实是她内心当中对于关系的需要。我们需要某种关系，不是因为这种关系好，而是这种关系中蕴含着我们自己内在的情结。情结就是当我们对于妈妈的愤怒被压抑，想要超越妈妈的渴望没有实现时，导致我们跟妈妈的关系中有很多挫败感。不管是"重男轻女"的观念，还是妈妈太强势，都可能会让我们产生很多挫败感。我们倾向于在相似的关系中重新建构先前的关系。

很多女性都会说婆婆不好。其实背后的潜台词是："只有她好了，我才能幸福。"这说明什么？说明你的幸福不是你创造的，而是命运给予的，是婆婆给予的。在这么被动的状态下，无论你碰见什么样的婆婆，可能都不会太幸福。我们要知道，幸福是自己创造的。

第九章

孩子的力量，来自恰好的挫折

　　言传和身教，到底哪个重要？毫无疑问，肯定是后者。在现实生活中，父母常常以身作则，做孩子的榜样。为何如此？因为人类的成长就是在模仿中实现的。如果妈妈每天都把家收拾得干干净净，孩子就会倾向于塑造一个干净、整洁的形象。如果家里很脏、很乱，孩子可能也不会太爱整洁。有一个前来咨询的丈夫表示，妻子什么都好，就是家里太乱、太脏，东西乱堆乱放，厨房满是油垢。本想改变现状，但一想到丈母娘家都没个下脚的地儿，又觉得还是将就过吧。

　　对孩子而言，家长的榜样作用是巨大的。跟孩子讲道理，用规则去管理，有没有用？一定是有用的。因为孩子特别渴望得到父母的认同、喜爱。当孩子能够满足爸爸妈妈的要求时，他就会有价值感，就能体会到喜悦和幸福。如果妈妈说的孩子做不到，或是不想听，然后妈妈生气、不搭理他了，甚至干脆揍他一顿，他内在的情感就会断裂，产生挫败感，觉得"我是不好的，妈妈不爱我了"。

在家庭中，教育环境过于严苛，容易让孩子过度服从。服从，是人社会化的基本能力。孩子的过度服从就是对妈妈的依赖。这种依赖是一种附着性的关系，类似母婴依恋。就像婴儿只有跟妈妈在一起，才能活下去。妈妈有力量，婴儿就能够健康地发展。如果妈妈生病或是意外消失，这个婴儿就会面临死亡。如果一个人的内在仅仅处于服从状态，那他就没有了自主意识，就不可能成为一个具有主见或力量的人。

有家长说，孩子在学校被同学欺负，有人推他、笑话他，跟他作对。还有孩子明明是和同学发生了冲突，同学联合其他人向老师告状，结果只有他被老师批评了。这个孩子就会有在学校被孤立，甚至被欺负的感受。孩子在学校生活中或多或少都会遇到类似的

问题。但孩子解决人际冲突有自己的妙招。有的孩子
能够不搭理不喜欢他的人，找愿意跟他玩的同学玩，
然后形成自己的小群体，把个体和群体的问题变成两
个群体之间的竞争和较量，最后重组、融合。有的孩
子会先跟不友善团体中的一人处好关系，逐个击破。
可见，每个生命，都有他自己的内在智慧。

也有孩子坐以待毙。究其原因，在他身上出现了
讨好、服从他人的现象，也就是我迎合你，你说了
算，你怎么说，我就怎么做。他有对权威依赖的渴
望。这种渴望正是源自他的原生家庭，来自他和爸
爸妈妈或是爷爷奶奶的关系。一旦权威在孩子的生活
环境中太具主导性，就会剥夺他内在的自主性和创造
性，甚至让他有"我不是一个好孩子，我会被惩罚"
这样的感受。服从会成为他迎合和讨好权威、保证自
己安全的手段和方式。当他带着对依赖权威的渴望，
进入校园后，他会去满足权威者的需要，扮演弱势角
色。因为他没有底线，不会保护自己，没有维护自尊

的意识，所以，他总以为把自己降低一些，对方就会对他好，就会喜欢他。

作为家长，如果孩子总是表现出不行或害怕，你心里就会生起一股无名火。这股无名火其实就是对于脆弱的愤怒。你会很想打他一下，或是抽他一巴掌，好像这样他就能够获得足够的勇气。

许多家长提到的，孩子很倒霉，到哪儿都会碰上坏同学、小恶霸，到哪儿都被欺负，觉得自家孩子太善良了。其实，这可能是因为孩子对他服从、讨好的权威有一种依赖。他建立了一种扭曲的自我认识——只要我能够把自己的姿态放得低一些，就能够赢得什么或换得什么。这很容易导致他被欺负、霸凌。

很多孩子听父母的，可能是因为内心认同了父母所说的，也可能是因为担心不听话就不被爱。如何分辨？要看孩子是否产生了内化。所谓内化，就是我不但认同你说的，还愿意把它变成我的一部分。内化的内容就是我们常说的语言性的东西。

在我参与电视节目《金牌调解》录制时，有个当事人说觉得我说的对，凡事不要冲动，要思考，面对问题，不该用喝酒、打牌这种方式逃避。满场都能听到这个当事人特别虚心的表达。他似乎认同了我说的，但是否内化为他自己的一部分，却不得而知。这恰恰是我们作为家长，在与孩子的交流中所忽视的。我们对孩子说，你要做一个懂事的好孩子，一个孝顺父母的好孩子。尽管在意识层面，孩子吸收了这样的教育理念，但如果他看到的是妈妈天天跟爸爸吵架，跟奶奶打架，跟姑姑斗心眼，那么用语言教给他的，只能成为他意识层面对孝顺的理解，而不可能真正成为他内在的一部分。

小时候，我们需要父母告诉我们，什么是好的，什么是对的，什么是安全的。但到底好不好、对不对，是需要我们自己去感受的。比如，妈妈说开水不能碰，一碰手就会烫出疱。那到底什么是烫？这一定是需要自己去体验的。被热汤烫了嘴，我们才能真正理解烫，而不是停留在烫的概念上。所以，一个概念只有加入我们自己的思考、体验，才能成为内在的一部分。只有完成了内化的过程，这个概念才能真正发挥作用。

就言传身教而言，本可以用言传的方式，却用暴力，甚至是爱的奖励或者剥夺的方式让孩子服从，孩子就很容易形成对权威的依赖。此时他所谓的内化并没有真正完成，而只是对概念的复述。

在言传身教过程中，内摄也很重要。比如孩子在写作业时，遇到一道不会的题，孩子着急，向父母求助："妈妈，这题我不会，你快来帮我看看！"此时，如果妈妈直接告诉他方法，或者帮他找好公式直接套用，孩子就无法激发自己的内在力量。

心理学家科胡特提出了一个特别重要的概念——恰好的挫折。比如妈妈发现孩子的某个问题已经多次出现。此时妈妈如果能保持平稳的心态，既不讽刺打击，也不告诉孩子怎么做，更不急于出手替代孩子解决问题，而是引导孩子思考，这个时候，他就会调出自己曾经克服困难的记忆。妈妈还可以这样表达："上次确实是妈妈和你一起找了书上的公式，但这次你一定可以自己完成。"他会感到，我有能力用自己的智慧解决这个困难。此时他通过对过往战胜挫折的经验的消化，在真正意义上完成了对自己内在力量的确认，这就是恰好的挫折。

科胡特对内摄的解释就是，恰好的挫折会成为孩子在内摄父母之前回应自己的态度，也会成为自体发展的力量。心理学家温尼科特也提到，妈妈要抱持孩子。当孩子表达无法忍受的负面情绪时，妈妈要将负面情绪转化，以健康的方式还给孩子。

之前我去做青少年的咨询，听到一位老师给孩子妈妈打电话，大概意思是男孩头发太长，需要去剪一下。这位妈妈跟孩子沟通后，孩子同意并独自去剪发。回来后，孩子崩溃了，觉得剪得太丑，没法见人，而且责怪妈妈逼迫他剪发。此时，如果妈妈说

"老师是这样要求的，你们班同学都这样，而且是你自己答应的，自己选的理发店和发型"，以崩溃对崩溃，那么这个孩子就无法内摄力量，会产生冲突和矛盾，甚至创伤。

幸运的是，此时这个妈妈已经在我的团体工作坊中持续学习了两年多。她感受到了孩子的崩溃，觉得孩子感到他的审美没有被尊重，没有被欣赏和接纳。于是，这个妈妈深呼吸了好几下，对儿子说："你以前的发型确实好看，也很有个性。像你说的，特别像你的偶像。但是，学校有学校的规定，我们不按照统一的规定去做，老师也很为难。对于规则的尊重是我们有担当的表现，是我们不得不去完成的自我调整。等你毕业后，可以去做任何你想做的发型。当然，我特别理解你，妈妈遇到这样的状况也会很不高兴。比如妈妈觉得穿裙子好看，但有人非不让我穿裙子，让我穿长裤，我也会觉得被否定了。所以，妈妈特别高兴，你能听妈妈的话，尊重妈妈的意见，按照老师的要求，剪了头发。这特别棒！你已经是一个有自我管理意识、有很强情绪控制能力的孩子了。我为你感到骄傲。"

这个妈妈在与儿子讨论负面情绪的过程中，像容器一样，将孩子扔进来的"垃圾情绪"转换成了一张漂亮的纸，然后还给了孩子。你所有的破坏、攻击、暴躁、崩溃的情绪，不是丑陋、错误和羞耻的，而是你内在的呈现，是你对于自我的渴望，对于尊重的渴望，对于创造力、想象力的捍卫。孩子的坏情绪在妈妈这个容器里获得了整合和转化，妈妈帮助他看见负面情绪的背后其实蕴藏的是一张漂亮、彩色的纸。当孩子从妈妈的容器里收到这些美好的东西后，就消化了负面情绪。孩子会意识到原来我这样只是在表达自己的渴望。

一个有力量的妈妈有能力去容纳孩子，代谢负面情绪，把有营养的部分呈现给孩子，让孩子吸收这部分。

第十章

如何被原生家庭治愈？

　　原生家庭，不仅是我们身体成长的摇篮，也是我们性格养成的摇篮，在我们形成自我认同、塑造行为模式时起着至关重要的作用。原生家庭对于每个人而言都是非常重要的，是我们一生的基础。

　　"因为原生家庭不好，给我造成创伤，我今天的生活才成了这个样子"，这其实是对自我的贬低，将我们把自身的力量排除在自己的生活之外。很多来访者说想得到父母的道歉。父母会觉得："我们那时候不懂教育，不懂心理学，也不懂什么婚姻之道，所以会吵架，甚至动武。"在这种环境下，孩子必然会受到很大影响。

　　有个人二十多岁了，也不工作，天天待在家里。于是，父母带他去心理医院，发现他抑郁了。父母认识到错误，对他真诚地表达歉意。起初，他很感动，看上去似乎有了变化。没过两天，他又恢复了原样，父母再次道歉。这样恶性循环，问题却没有真正得到解决。

有一次，我在录制电视节目《金牌调解》时，现场有一个二十七八岁的女孩说她从小总是被爸爸打，而且打得很厉害。说着说着，她变得特别愤怒，出现歇斯底里的症状。原来，因为她不工作，还找家里要钱，数额不小，并表示如果父母不配合，她就会做出伤害自己的行为。全家人因此都非常痛苦。这个女孩在现场歇斯底里地说："他们从来都没有认识到，他们是错误的，他们从来都没有觉得他们是不对的！"

她爸爸已经六十多岁了，在现场一边抹眼泪一边说："我怎么没有认识到错误啊？我从五年前就开始跟你说，爸爸那时候错了，爸爸那时候太混账了，爸爸那时候就是个魔鬼，爸爸对不起你。这种话我说过多少次了，现在说有什么用啊？"

"你现在说一切都晚了，我都已经成这个样子了！"女孩继续吼道。

现场的老师就说："你不是说爸爸没给你道歉吗？他给你道了歉，你又说没用，那你到底要他干什么呢？"

这女孩立马卡住了，半晌才说："我也不知道要什么，反正我就是心里有口气出不来，很愤怒、很悲伤。"

其实，要求父母认识到错误，改变错误，真的就能改变我们自己吗？真的能够成为我们生命的转折点吗？绝对不是！道歉看起来很重要，但绝不是灵丹妙药，因为真正的自我成长、自我接纳和对自我伤痛的理解才是最重要的。如果没有这些部分，爸爸妈妈再怎么道歉，你依然会觉得晚了、没用。那么，如何让原生家庭为我们赋能呢？

第一个方法是要从正反两方面完成自我描述。比如一个三十多岁的女性来访者说："我变成今天这个样子，都是爸妈害的。因为从小他们对我就很苛刻，也从不夸我。我成为今天这个样子，他们得全权负责。"

任何东西都有它的两面性。人们最珍贵、最渴望的，往往隐藏在我们嫌弃的、愤怒的部分当中。此时，做好正反两方面的自我描述是特别重要的。我们不妨以这个来访者为例，完成正反两方面的自我描述：

因为爸爸妈妈过度严厉，所以我在人际关系上有局限性，不够自信。

因为爸爸妈妈过度严厉，所以我现在有百万年薪的收入，有很好的仪态，在任何场合都能做到大方得体。

这种正反两方面的自我描述能够让人看到，虽然原生家庭带给我们很多遗憾、创伤，但也赋予了我们一些宝贵的东西。这个思考的过程就是我们在为自己赋能。

　　我们最在意、珍视的东西往往隐藏在我们愤怒、嫌弃的部分当中。如何去理解？我的一个来访者出生时长了六指，那时家里不是很富裕，她上面还有两个姐姐。家里一看她是个女孩，还多长了个指头，很多人，包括她的爸爸，都给妈妈做思想工作，把女孩遗弃。但妈妈舍不得，坚持留下了她。在她四五岁时，父母离婚了。妈妈带着她改嫁了，继父则带着一儿一女。女孩说："对我伤害最大的人就是我妈。我继父的孩子对我不好，很合理。只能说，他们做人不是特别高尚。我不生他们气，我最生气、最恨的是我妈。因为我妈在我继父和他的孩子面前，总是对我特别严厉。就算我被继父的孩子欺负了，跟他们发生矛盾了，我妈也只会说我怎么老是这个样子，不懂事、调皮。她总是批评我。"这个女孩感觉特别伤心。在后来的讨论中，我们尝试换了一个场景，来感受这件事情。

我：如果是你带着一个女儿改嫁到继父这样的家庭，也跟妈妈一样没有工作，没有收入，知识水平也不是很高，你会怎么做？

来访者：如果谁对我的孩子不好，我就跟他们拼了，就跟他离婚，带着女儿单过。

我：所以，如果是你，你会选择捍卫自己的女儿，不跟他们一起生活。那这之后，你要怎么生活呢？

来访者：我可以种地，去给人家当保姆，也可以卖菜。我干点儿什么我都能挣钱，能够养活孩子。

回到现实，这个女孩的妈妈虽然对她很严厉，但是对女儿上学这件事却非常坚持。继父曾经不想让她读太多书，但妈妈坚决不同意，还说："哪怕我少吃口饭，哪怕每天夜里去给人家做针线活，都得保证我女儿能够去读书，能上大学。"妈妈的坚持让这个女孩读到了金融专业研究生，毕业后在上海有了收入很好的工作。围绕这点，我们继续探索她上述选择的可能性。

我：那卖菜、种地对你来说是一种什么样的感觉？你的孩子还能不能去读书？

来访者：这可能就不行了，我的孩子，不知道会发展成什么样子。

这个女孩的妈妈认为，只有她尽到绵薄之力，女儿在新家里表现得懂事、听话，才能给女儿争取到良好的教育资源，真正地改变女儿的命运，让女儿拥有自己的人生。

我：可能对于你妈妈来说，只有给你争取到良好的教育资源，才能够真正地改变你的命运，让你拥有自己的人生。她只能用她自己的方式，例如对你严格，让你更加懂事，甚至自己少吃口饭，少睡点儿觉，夜里多做针线活，给你争取更大的资源和权利。她宁愿牺牲自己，也要为你争取那些她认为最重要的东西。

说到这里，这个女孩哭了。

来访者：我突然间意识到，其实我妈妈特别爱我，因为她在当时没有把我扔掉。我的亲生父亲因此对她特别不满。他对我妈说，多了这么一张吃饭的嘴没啥用，还多长了一根手指头，以后肯定嫁不出去，就是个赔钱货。我妈妈扛住了这么大的压力，没有把我扔掉，还带着我改嫁。其实她也可以自己改嫁，或者带一个已经能工作挣钱的，比如我大姐，但是她没有。她就带着我走了，她是怕我在我爸爸身边受委屈。

在父母离婚后，女孩跟自己的亲生父亲再也没有见过面，父亲也拒绝跟她见面。

来访者：我现在突然间感觉，之所以会对妈妈感到愤怒，是因为我认为她应该更爱我，因为我那么爱她。以前我会觉得，她对我生气，她向着别人是为了自己好过，所以她不爱我，或者没有那么爱我。但今天我发现，其实她真的很爱我，只不过以她自己的能力，只能做到那一点，所以她必须得要求我听话，配合她，去达到让我受到良好教育的目标。

我恨妈妈恨了这么多年，一直以为她不爱我，直到今天我才发现原来她这么爱我。我认为我没有的、我最想要的东西，其实我一直拥有。

第二个让原生家庭为我们赋能的方法，是邀请生活、工作、社交环境当中的其他人，对我们进行客观描述。

我们有时候很难客观地面对自己、接纳自己。有一个来访者是一个特别有意思的女孩。她说自己不是一个自信的人，很内向，不爱表达，逻辑思维能力很差。但在讨论问题时，我发现她的知识储备很丰富，而且逻辑清晰，能够引经据典地表达自己的想法。她并非像自己说的那样不自信、不爱表达和缺乏逻辑，而是当某种关系没有给她安全感时，她倾向于把自己遮挡起来。她的自我描述、自我认识与她真实的自己是有偏差的。此时，她需要看见自己没看见的那一部分，通过邀请生活、工作或者社交环境当中的其他人，对自己进行客观描述，帮助她对自己的认知更加客观和真实。

第三个方法就是邀请自己之外的人，对原生家庭进行描述。

有位女士说她觉得自己的妈妈特别冷漠，爸爸特别灰。但是她的丈夫和她的感觉不大一样。

她的丈夫说："我眼中的丈母娘确实比较理智，但绝对谈不上冷漠。她只是不会经常嘘寒问暖。比如说，我今天去了她家，我咳嗽了。过一会儿，她会端一杯水放到我身边，但是也不会过多地说什么。类似的很多行为都会让人感觉她是温暖的。"

这位女士反驳道："那有什么用，端杯水而已，连句暖心的话都没有。我从小就是这么过来的。"

丈夫继续说："我没说你的感觉不对，只是我看到的你妈和你刚才描述的有一点儿区别。我也不觉得你爸特别屎，特别没本事。我觉得你爸对你妈很疼爱，也很包容，比如说，你妈有一些想法和你爸有出入，你爸不会跟她计较。"

这位丈夫所说的就是对妻子原生家庭的客观描述。要知道，在这个世界上，别人可能并不能对你的经历感同身受，但他没有受到太多情绪、情感的影响，所以对事物的本来面貌有更趋近客观的认识。这样的视角可以帮我们矫正内心当中对于原生家庭的理想化，或是因理想化破灭带来的认知偏差。

我们应该去看看客观世界到底是什么样的。他者视角能帮助我们看到事物的多面性。

原生家庭对我们既有积极的影响，也有消极的影响。事实上，积极影响的部分也可能给我们带来消极影响，比如说妈妈很疼爱孩子，从表面上看，这是积极的部分，会让孩子感到被爱和有自信，但也可能带来消极的部分。可能因为妈妈的疼爱，孩子会有一点儿娇气，或许不善于料理家务。这就是原生家庭积极部分带来的消极影响。相反，消极部分也可能会带来积极的影响。比如说，妈妈很严厉，迫使我养成了按时读书的习惯。因为她觉得"万般皆下品，唯有读书高"，所以从小到大我的娱乐活动就是读书。

那么，我们能为改变原生家庭做些什么呢？

我认识一个女孩，在她的原生家庭中，父母总是吵架，她从小就不堪其扰。在她工作一段时间后，我们进行了以下对话。

我：你觉得你能为他们做些什么呢？

来访者：我能做的，就是离他们远点儿。他们有他们的相处模式，我只需要尊重他们的相处模式。

我：特别好。如果能做到这点，他们就不用

在你面前掩饰，维护自我形象，也不用在你面前夸张地表达。

来访者：对，真的是这样的，我发现我爸我妈当着我面，就会吵到动手的程度。小时候，我在家门口听见他们在里边吵，就不进去，他们吵一会儿就没什么动静了，这事也就过去了。我要是在屋里，在他们跟前，那他们就得分出个是非对错，就得打个不死不休。

如果你想改变原生家庭，让它成为你想要的样子，能不能做到或做成什么样子，其实不太重要。重要的是你发现了自己的价值感，感受到自己的力量和存在。你不再只是一个嗷嗷待哺的孩子。当你能够为原生家庭的改变做点儿什么时，其实它带给你的影响已经激发出了你的力量感和智慧。因为它的存在，你获得了自我力量。

当我们渴望原生家庭为自己赋能时，就要对自己内在的真实状态有更为客观的认识，完成内心好与坏的整合。

无论原生家庭曾经带给你什么，你自己的内在拥有强大的力量。我们选择不了原生家庭，但是我们能够选择在成长过程中，理解自己、接纳自己。

任何事情都具有双面性，甚至多面性，我们必须从多个视角去观察和评判。"横看成岭侧成峰"，也许换一个角度，我们就会遇到不一样的风景，发现自己内在的力量。

第十一章

为什么你总是遇到『渣男』？

　　有女孩子问，为什么自己总遇到"渣男"？为什么遇到的男人都爱家暴？大家在生活中会发现，有的人的人生好像被诅咒了，坏事情总是重复出现，只不过对象或者起因不同。

　　弗洛伊德曾提出一个重要概念——强迫性重复，就是说人在潜意识的推动下，会把过去关系中的某些问题，在现存的关系中再现。如果人在意识层面不能理解某些事情，他就会感叹，自己命不好，太倒霉，总是遇人不淑等。这就是强迫性重复，它是蕴含某种内心需求的。强迫性重复从表面看是类似的事件或情境不断出现，其实是内在特别渴望在新的循环中，找到改变的可能性，以弥补内心的创伤，释放压抑的情绪，达成某种心愿。

有一次，我参与录制节目。一位女嘉宾在节目间隙把我拉到一旁，表示很多话不好意思在台上说，但想和我交流一下。以下是她的自述：

在录制节目时，我已经是第三次结婚了。我的第一段婚姻虽然是父母包办，却很正常，因为我们农村老家都那样。我们十九岁就在一起，还没到法定年龄，后来领的结婚证。婚后我特别卖力地工作、赚钱，就想两个人一起努力，一定能过好。我们俩在不同的地方工作，那时候年轻，我也不懂怎么维系感情，所以几乎没怎么跟他联系，基本上就春节回家才能见一次，从大年三十到正月十五一起待上十六天，然后分开。我一门心思想着到大城市好好工作，多挣些钱。但我没想到，他出轨了。

等到和第二任丈夫在一起后，我痛定思痛，工作、生活都跟他在一起，二十四小时不分开。为此，我不让他跟别的女人走得太近，还偷偷翻阅他的手机。他受不了，我俩就整天吵架，最终也离婚了。

后来我又结了第三次婚。婚后，我认为我得成长，得自我提升，就参加了一些宗教活动，像佛学培训班什么的。我发现在那个环境里，我感觉特别安静、舒心，于是我没事就去参加这样的活动，在寺庙里进修三五个月。最近一次我又去进修营，一待就是半年。回家后，发现我老公又出轨了，给其他女人发"1314""520"的微信红包。你说，我怎么就这么倒霉！

我问了她的成长经历。她说自己跟妈妈是一个命。家里三个孩子，她是老大，还有一个弟弟、一个妹妹。爸爸风流成性，屡次出轨。妈妈就带着她今天去这家打架，明天去那家"抓小三"。当她说到这里时，我明白了这就是强迫性重复。

她内心觉得被她最爱的男人（爸爸）背叛了。她又跟着妈妈去捉奸，妈妈内心被背叛的羞耻和愤怒被她感同身受了。她说自己小时候特别渴望在和妈妈把爸爸找回来之后，爸爸能够在家里待住，不再出去乱来。她有种特别强烈的幻想：男人出轨之后，浪子回头，幡然醒悟，觉得原来家里的女人才是最好、最值得珍惜的。

所以，她在无意识当中就会认定，"只要是男的，就很难不出轨"。她内在特别渴望的是：我不在，你也守着我；我天天跟你在一起，你也不觉得我烦；你虽然犯了错，但是当我们重修旧好之后，你能痛定思痛，不再犯错。她对于这种关系模型的渴望，就是一种强迫性重复。

我们常说有人总受骗，本质上是他配合骗子去完成对自己的欺骗。当一个人的内在处于清醒状态时，基本是不会被骗的。

我们常见的被骗是什么？我认识一个七十多岁的阿姨。她说自己一辈子菩萨心肠，别人说啥信啥，所以总是被骗，损失了不少钱财。有一次，她在银行外捡着一摞钱。她正想着是就地等失主，还是交到柜台。此时来了一个男的，劝她把钱平分了。当时她家正好缺钱。她认为拿别人的钱不合适，自己少分点儿，感觉好受些。没想到那男的是骗子，结果她不仅没得钱，还被骗了。在旁人看来，这就是一眼能看穿的捡钱骗局。我觉得很有意思的一点是这位阿姨完全没有意识到，她上当受骗是因为她想贪便宜。

还有一次，这位阿姨去逛早市，看见一个三四十岁的男人哭诉着家里的惨状。她有些心软，就想掏钱给他。旁边有人提醒，这是个骗子，他曾在其他地方行骗，被人撞见过。老太太心想：那不能，一个大老爷们，要不是真遇到难事，能连脸都不要了，给大家磕头？她联想到自己小时候，家里穷得没饭吃，跑去亲戚家要米吃，决定捐给男人很多钱。没想到几个月后，在另一个菜市场，她又遇见了这个男人，依然磕着头，只是说辞变了，从孩子生病变成他媳妇得了绝症。她才意识到，自己又被骗了。这位阿姨再次被骗，是因为她内心当中有一个孤苦无助、弱小可怜的小女孩。

阿姨还跟我聊了另一桩骗局。有个亲戚小她七八岁，突然间去世了。此时正好有人向她推销保健品，说是吃了对身体好，保健品有国家质量体系认证，还带外文证书。虽然她看不懂，但脑子一热就花了好几万。她回家后孩子说她被骗了，还找出很多证据。她才知道自己又被骗了。

阿姨被骗，好像是因为想占小便宜，因为怕死或是心软。我让她思考一下，为什么会心软，别人说什么就信什么？

她说，记得从小家里很穷，妈妈总跟她说破财免灾，钱是身外之物，只有人和人之间的情感才是最重要的。她六七岁时，妈妈就去世了，但是妈妈的这句话跟了她一辈子。她内心当中总以为，只要她遵从妈妈的教诲，以这句话为行动指南，那么妈妈就没有离开这个世界，自己就没有失去妈妈。

因为这种童年创伤，她遇到某些事时就会变成一个无知的老太太，特别容易受骗上当。我告诉她："虽然妈妈离开了您的生命将近七十年，但是您内心依然深深地爱着她，从来都没有停止过对她的哀悼和思念。"说完，这位阿姨一下子崩溃了，哭得像一个五六岁的小女孩。这也是强迫性重复的典型例子。

人很难意识到自己正在进行着强迫性重复，包括很多家暴。

我接听家暴热线时，结识了一位女性。在前三段婚姻中，她都遭遇了家暴，直到遇到第四任丈夫——她的发小。以前，她家觉得男人穷，没同意他俩在一起。后来，男人结婚了，再后来妻子去世了，这期间他俩一直保持联系。从前她被家暴后，男人会给她安慰，甚至帮她报警、处理离婚事宜等。等两人终于走到一起后，她觉得男人绝对不会打自己，因为他看到前夫对她家暴、她身上有伤时，会感到愤怒、心疼，对暴力不耻。

万万没想到，他还是打了她。因为一件鸡毛蒜皮的小事，女人从早开始就絮絮叨叨，一直念叨到晚上十一二点，还不让男人睡觉。男人躲到外边，她就跟着去外边，躲到厨房去，她也跟着去厨房。他一下子就爆发了，让她闭嘴。没想到，女方更加疯狂。她突然间扑到他身上，两人的脸挨得那么近，几乎鼻尖相对。她拿手指戳着他的脑门咆哮着："你竟然跟我这么说话！你跟那些男的一样，都不是东西。你不是说，以后跟我结婚，绝对不会像他们那样对我吗？你现在竟然对我这样。你有种就打我，你不打我不是人……"

男人说，后来自己也不知道发生了什么。只感觉一股怒气直冲天灵盖，什么也不管不顾了，等他再冷静下来时，就看见女人一脸的血，躺在地上，是被他打的。

这位女士在不自觉地激惹对方。对方的怒气没有激起她的自我保护意识。就算对方脾气好，她也一定要把对方逼到崩溃。跟她交流后，我发现她有一个家暴的爸爸。她对爸爸有很多愤怒，与她对爸爸的爱交织在一起。我们依然能从中窥见强迫性重复的痕迹。

　　值得注意的是，强迫性重复跟移情不同。移情是
把过往关系当中的情感转移到当下的关系中。与强迫
性重复不同，移情是彼此间已经有了正常的关系，比
如你来找我做咨询，咱们存在咨访关系，你把对妈妈
的情感转移到了跟我的情感当中；我与单位的女领导
是上下级关系，但我把对妈妈的情感转移到跟她的关
系中。强迫性重复是制造出某种关系，但这种关系本
不该是这样，比如，原本我是一位很好的老师，但强
迫性重复会把这样一位老师，逼得动手打学生，张嘴
与家长对骂。

　　这种现象在咨询中也特别常见。有位女士说自己
的孩子老出意外，比如滑滑梯摔了门牙，滑轮滑磕了
下巴，逛商场走丢过，等等。她特别精心地陪伴、照
顾孩子，但总有意外发生。她开始猜疑，是不是自己
的问题。

　　有人建议她来做咨询，我们交谈了很多次后，她
终于提到，自己有一个弟弟在三岁时，意外去世了。

她说不记得发生了什么，但是当时弟弟是和她在一起的。结果弟弟死掉了。她有两个印象，一个是和弟弟玩游戏，她在床底下跑来跑去，弟弟在床上朝她爬过来；另一个是她坐在弟弟身边，不知道哭了多久，后来妈妈回来了，发现弟弟已经断气了。

她似乎已经遗忘的事情，在她内心制造了特别强烈的愧疚感：是我让弟弟死掉的，是我没有看护好他。这种愧疚感一直萦绕在她的生命中。所以她会无意识地让孩子处于危险当中，然后再去拯救他。她希望改变局面，以此来减轻内心的罪恶和愧疚。

强迫性重复的意义何在？人在潜意识中不断重复同一个场景，渴望在循环中打破循环。只要我把暴躁的爸爸感化了，让爸爸不再打人了，那我就是有价值的、有爱的，我就是一个值得爸爸为我改变的存在；只要我的丈夫能够被我的善良、隐忍感动，那我就可以不去恨爸爸，就能够拯救那个弱小、无助的自己；只要能够把我的孩子从危险中救回来，我就不是一个有罪恶的人。

为什么说，陷入循环就必须寻求帮助，以处理强迫性重复呢？正如那位失去弟弟的妈妈，悉心照料孩子的同时，又屡屡让他身处危险边缘，因为她的意识和潜意识没有得到整合，潜意识当中的罪恶感没有被意识化。只有在她通过动力学治疗、精神分析治疗，将潜意识意识化后，才能够将意识和潜意识很好地整合。

只要潜意识当中的自我惩罚、罪恶、遗憾、悲伤等没有浮现到意识层面，内在的需求或者缺损就会通过不断地重复类似的场景，完成这种体验的过程。

有的心理学流派认为，给来访者分析强迫性重复没有意义，但在我个人看来，至少得让来访者知道他看似被诅咒的命运当中其实有这样的循环。

你有主宰自己的力量。只不过你暂时还不知道你拥有这样的力量。当你的潜意识意识化之后，这种力量就会被激发出来。

第十二章

你的关心，正让孩子变得无能

心理学家梅兰妮·克莱茵率先提出了投射性认同的概念。在对母婴关系的研究过程中，她发现婴儿会把自己内在的感受投射给妈妈或外部世界，后者被诱导出某种行为去回应婴儿。

生活中常见的投射性认同有四种类型：依赖型、权力型、性欲型和迎合型。

首先我们来讲依赖型。有一个来访者说，妈妈老是缠着她，掌控她的生活。原来，这个妈妈一直跟女儿生活，帮忙照顾外孙。等外孙到了三四年级，学校就在楼下，妈妈觉得夫妻俩能带好孩子，就搬走了。没过两天，这个女儿吃错药，进了医院，吓得妈妈赶紧搬回来，住了几天，看女儿好些才走了。可又过了两天，这个女儿竟然迷路了。一个四十来岁、土生土长的女性竟然能在单位到家的路上迷路！她给妈妈打电话，妈妈打车把她接回了家。

这就是依赖型投射认同，这个女儿表现出的姿态就是：我特别无助。虽然她嘴上说要独立，要分离，要建立边界，但是传递的信息却是"离开你，我活不下去"。她诱导出来的反应就是：妈妈不断地照顾她。但这个女儿还是觉得自己长不大，都是因为妈妈老缠着她。实际上，她的内在无法承受分离的恐惧。这种人在生活中相当常见，当事人展示出的姿态往往是"离开你，我就活不下去"。

最初，她的状况非常严重。我为这个来访者提供了七年多的咨询。七年后，我们结束了一对一的咨询，让她进入团体工作坊中继续成长。现在，她已经能正常地生活、工作，与以前相比，有了很大的改善。改变是一步步的，她先停了药，妈妈也搬走了。我们的咨询模式也从一对一咨询变为团体工作。不管是她咨询中的"妈妈"，还是现实中的妈妈，都撤离了她的生活。但是，她开始不断出事。她告诉我，自从结束了一对一的咨询后，她看不进去书，再加上妈妈搬走，她又开始同老公吵架，感觉同事都针对她。我当时的第一反应是想告诉她，我们恢复一对一的咨询吧。此时，我产生了反移情，感觉她离开一对一的咨询就没有办法正常地生活。还好反移情一出现，我就立马察觉到不对劲。

于是，我开玩笑地说，她太狡猾了，差点儿让我上当。接着我把投射性认同跟她解释了一遍。她也笑了，因为她突然明白，自己正在用投射认同的方式，阻止妈妈和我从她的生活中消失。

其次我们来看下权力型。

权力型投射性认同的核心是控制——我得看着、管着、批评、教育、保护你，否则你就活不下去，你就会出错。如果说依赖型投射性认同是"离开你，我就活不下去"，那权力型投射性认同就是"离开我，你就活不下去"。

　　我们会看到，一些孩子一写作业，就拖拖拉拉，好像没有妈妈，他就写不了。这时候，妈妈就得坐在那里，陪着孩子把作业写完。这是一种陪伴的需要。就写作业而言，孩子写作业拖拉更可能是由于妈妈的诱导。妈妈认为孩子无能，觉得孩子没有能力快速写完作业，没有能力控制自己的欲望。

　　妈妈通常是以什么方式，诱导孩子回应她传递的信息的呢？以关心的方式，送个苹果，送杯牛奶，让孩子在无意识中觉得，如果没有妈妈喂的苹果，自己就会营养不良；没有妈妈叫他喝水，自己就会渴死；没有妈妈提醒，写字姿势就会不对；没有妈妈催促，自己就得迟到……这种关心，诱导出的状态是无能的，在亲子关系，甚至在夫妻关系中都经常出现。

　　一个朋友已经快五十岁了，还带着丈夫，与爸妈住在一起。前段时间，我俩聊天。我说："我挺佩服你的，还跟老人住一起，你不觉得不方便吗？"因为我知道，她特别渴望有自己的空间。我朋友说："我们家也有空房，离公园挺近，玩也方便。但每次我让爸妈去那儿住，我妈就说'那哪儿行？没我你们吃什么？你俩孩子怎么带？你连饭都不会做，屋子也不会收拾'，说得好像有人从娘肚子里出来时，就一手拿着拖把、抹布，一手拿着炒菜勺似的。"

没有我，你就活不下去，没有我，你就会出乱子。真的是这样吗？

人内在都有一股巨大的力量，只不过妈妈需要孩子以无能的方式配合她。这样妈妈才可以合理地留在孩子身边，不去体验分离的痛苦。如果把这些话告诉这类型的人，那个妈妈就会说："怎么能有这样的说法，简直是白眼狼，我真是费力不讨好！"就算如此，妈妈一定得觉察到这一模式的存在，否则就会真的以为是因为自己的存在，孩子才能够安静生活，过上快乐人生。当一个人有这样的认知时，他会不自觉地将这种模式带入自己所有的关系中，让关系的对象变得无能。对对方无能的认可，又加剧了不得不奉献更多、付出更多的情况。

再次，我们来看一看性欲型。它的关系姿态，充满了浓厚的性味道。

有一个女孩长得特别好看。丰乳肥臀，衣着大胆，性感扑面而来。在某次团体工作中，她突然跟一个男组员发生了冲突。原来吃午饭时，这个男生就坐在她旁边，有意、无意地碰她。她觉得男生不尊重她。她说，自己在单位频频遇到性骚扰，也会发生类似的冲突。

此时，另一个女组员坦诚地对她说出了自己的想法："我有好多次，看到你的乳沟在我眼前呼之欲出。有好几次，我都觉得充满了诱惑，特别有冲动想伸手摸一下。咱们组在一起工作，大概有三四年了。每周一次，大家聚在一起，共同经历了很多。我有时候想，咱们组的这俩男生能够有这么一个赏心悦目的人在身边，挺幸福的。但有时候，我又觉得他们挺可怜的，这得需要他们多么克制和自律啊！开始，可能还觉得是享受，后来我觉得是上刑。话说，你们单位的男同事，天天看到你这样，能受得了吗？"

最后，我们再来看看迎合型。

迎合就是自我牺牲。你看我多伟大，为了你，我甚至可以放弃自己的生活。

有一对夫妻来做婚姻咨询。在妻子看来，她为丈夫牺牲了一辈子。他俩都是农村人，又是中学同学。为了让丈夫安心读书，妻子放弃高考，留在村里照顾盲人婆婆。丈夫研究生毕业后，留在北京工作，还分了房。后来她和婆婆也来北京定居。她为了生儿育女，放弃了工作，在家照顾老小。妻子说，自己舍不得吃、舍不得穿，有一点儿钱就花在孩子和婆婆身上。这一辈子为老公牺牲了所有，没想到结果竟是丈夫提出离婚。

丈夫说，年近五十，他觉得自己一直在给妻子跪着，因为知道她付出太多。自己毁了她的一生，在她面前永远是个罪人。

他们俩的婚姻给人"媳妇在家不容易，老公得意就休妻"的感觉。丈夫说，他给妻子买护肤品、办美容卡，让她的卡里永远保持六位数的零花钱，自己这么多年努力工作，就是想两人一起能过好日子。家里不缺钱，但她每天表现得就像吃不起饭似的。后来有一次，连儿子都说："至于吗？冰箱里不还有馒头嘛，别弄得好像没了似的！"这位妻子传递的信息是：你欠我的。这导致的结果就是夫妻间的尊重、平衡受到影响。

时间长了，丈夫表面上看起来对妻子不感恩，其实是他实在无法承受"我欠你的"了。他觉得，能给的都给了，能创造的都创造了，再不欠她什么。他自问，人生过半，没剩几年，为何还要活成这样子。于是他决定，前三十年跪着过，后三十年一定要站起来。

可见，很多的自我牺牲，得到的并不是真正的感恩，而是反感。因为你在用贬低他人的方式，成就自己高尚、荣耀的光环。

有的贫困大学生在被救助后，被批判不懂感恩、欲壑难填等，可能正是处于这一模式当中。比如说，媒体为了树立救助者光辉伟大的形象，过度报道、挖掘被救助者的惨状。在媒体的放大效应下，被救助者被无能化、丑陋化的愤怒，有可能会指向救助者。

真正帮助他人获得的是一种充盈、快乐的感觉。如果人做了事却不快乐，甚至因此生出很多的愤怒，那他诱导出的关系只能制造冲突。

投射贯穿生命始终。只要身处关系当中，投射就会出现。可以说，没有投射就没有生命存在，没有关系存在。一旦投射性认同成为关系唯一的状态，对这个人或者这一关系来说，就意味着灾难。

第十三章

夫妻之间如何越吵越爱？

不管是做节目，还是做咨询，总有人向我提出这个话题：夫妻之间，如何越吵越相爱？

这个问题很有意思。人是十分渴望不因吵架而伤感情的。越吵越爱，并非完全没有道理。吵架意味着把我的东西强行地灌注到你的耳朵里。与其讨论如何越吵越相爱，不如试着分析，如何在吵架这一行为中，挖掘有效资源，让吵架变得有节制。

吵架本身说明对对方有所期待。我们会看到，吵架的夫妻未必都会离婚。吵架是一种情绪输出的方式。语言既可以用于表扬、赞美，也可以进行攻击、伤害，制造痛苦。无论是哪种，出言者无疑都是在完成内在情感的释放。当人不能以理智化的方式表达语言时，就会以破坏性的方式表达语言。

很多吵架都是当事人转移内在焦虑的表达方式。比如说一个男人在单位被老板骂了一顿，特别生气。一出办公楼，发现车胎破了，只能自己走回家。此时，有车开过，溅起积水，弄了他一身。好不容易到家，一进门，才想起忘了顺路买酱油，又被妻子骂一顿。他怂，怕媳妇，不敢跟她较劲。此时，儿子在沙发上蹦跶，他就把孩子骂了一顿。孩子被骂，不敢向他发火。刚好家里的猫在脚边转悠，孩子就踢了猫一脚。这就是我们说的踢猫效应。

生活中的吵架常让人不自觉就成了那只猫，或者成了踢猫的人。踢猫本质上跟猫没关系。我做团体活动时遇到的一位家长，她分享的经历很能说明这个问题：

前段时间连着两次幼儿园老师给我打来电话。我儿子已经六岁，长得结实，非常调皮。

第一次是我儿子把小朋友推倒了。老师给我打电话时，我正在开会。因为报表做得乱七八糟，很烦，又听到儿子调皮，一股无名火就蹿到我脑门上了。我直接冲到幼儿园，把我儿子拎起来，摁在板凳上，给他一顿揍。不管当时我怎么告诉自己要平静，就是做不到，火"噌噌"地往上冒，觉得孩子可气人了。

没过多久，单位补发了三年多的工资，合计有五万多块钱，那感觉像天上掉馅饼。这时候，我又接到了幼儿园老师的电话，说我儿子又把小朋友推地上了。我过去后，跟儿子特别耐心地讲道理。

等这事过去了，我突然间生出疑惑，到底是孩子的行为必须用这种方式处理，还是说我不得不用这种方式处理？

区别在哪儿？在她当时是否能够承受内在的焦虑。如果能承受，就不会出现踢猫效应，孩子就不会成为出气筒。

还有一种吵架，是疑人偷斧，也可以叫掩耳盗铃。两者都是一种投射。也就是说，我内心觉得自己是什么样的，就认为别人也是这样。投射经常成为吵架的原因。比如，我特别讨厌我婆婆，不喜欢她打扰我们的生活。我内心是这样的，又不得不做个好儿媳妇，不允许自己表达，以维系家庭的和睦。这时我妈来我家做客，丈夫坐在那里，对我妈爱搭不理，或者不是特别热情。我内在压抑的对婆婆不欢迎的态度就会投射给丈夫。我会觉得，就算你和我妈没那么好的感情，好歹也得控制下自己的态度。表现得那么冷淡，一定是对我妈有意见。其实，丈夫只是觉得都是一家人，相处可以随意些。但是我把自己内在压抑的部分投射给丈夫，觉得这就是对我妈不尊重。

在婚姻中，还有一种类型的吵架，是"我觉得我不够好，我就诱导别人来攻击我"。以下这对夫妻的吵架，就很有代表性。

妻子：我跟老公说，衣服不要乱放，臭袜子不要乱扔。有时候，我坐在沙发上看电视，一摸沙发靠背，就揪出一只袜子，是他藏的。我就觉得，这是什么毛病啊！你扔洗衣机边上，或者放在某个地方，我给你洗都没问题。就不知道为什么，他永远都要把脏衣服、脏袜子往各种地方藏，怎么说也不改。

丈夫：每次我藏了衣服，被她找出来，就会吵一架。吵完之后，她还在那儿抹眼泪，我就得过去抱她。平时，我媳妇是一只大老虎，只有在这时候，她才跟小绵羊一样，靠在我脑袋上，然后说："你以后不要再这样了，好不好？"我点头，这事就翻篇了。

你看，这个丈夫明知道他的行为能够刺激妻子，才诱导妻子来攻击他。他这可不是想诱导别人讨厌自己，而是妻子只有在爆发后才能柔软下来，他渴望享受这一附带的获益。

那何为诱导别人讨厌自己呢？在我的团体工作坊中，有个女孩子就有这种行为模式。

她的嘴边永远挂着孔子怎么说，老子怎么说，罗曼·罗兰说了什么话。她以各类名人名言，给自己打鸡血。当别的组员吐露心中的悲伤时，她立刻告诫别人，要坚强，要努力。她有一种禁止别人悲伤的行为。实际上，她无力面对悲伤，所以她也不允许其他人在悲伤当中停留。这是典型的投射。每当她这样，别人就很烦她。有组员说她讲的都是正确的废话。

通过与她交流，我发现她从小被寄养在一个亲戚家。她内在一直存在"我不够好，我没有价值，我不够优秀，所以会被淘汰、被抛弃"的恐惧。当出现这样的感觉，觉得自己会被讨厌时，她就会去诱导别人讨厌自己。

这种吵架会让人觉得永无休止。因为就算吵过一次，当事人也不会因为一次的满足而使他内心的空洞感和虚无感消失。所以，他会无休止地重复。

当人有巨大的被吞噬和毁灭的感觉时，他就会试图拉周遭的一切沉沦下去，出现"索性大家都完蛋"

的死本能。不是说真的在现实层面死亡，而是在象征层面上死亡。当人冒出"索性彻底让关系死亡"的念头时，破罐子破摔的状态就出现了。

吵架本身是一种情感关注。吵架并不代表两个人的感情真的就不好了。

很多夫妻不能够升华地表达情感。他们的内在深感无力、恐惧、焦虑，可能会选择在夫妻这种安全的关系中通过吵架，彼此投射，实现情绪的表达和内在的平衡。

与其讨论如何让两人越吵越爱，还不如试着去解决吵架的边界问题。我们一定要对吵架背后的原因有所觉察。我们越能觉察到自己行为背后的原因，就越能够对自己进行有效的管理。

在和丈夫的相处中，我也面临这样的问题。我们俩一年偶尔吵几次，往往都是因为我压力大，比较累。每次吵架，丈夫就说，知道我最近压力大，所以释放一下也挺好，弄得我心里特别愧疚。我会半开玩笑地说，他太讨厌了，用增加我愧疚感的方式，回击我的无理取闹。刚结婚时，我俩就约定好，吵架不能提离婚，不能骂对方父母，不能破坏家庭财产，不能当着他人面。

第十四章

为什么被背叛的总是我？

借着这个话题，我想聊聊俄狄浦斯情结中嫉妒与竞争的关系。

俄狄浦斯情结讲的是一个叫俄狄浦斯的王子的故事。因为他出生前被预言会杀死亲生父亲，迎娶亲生母亲，所以他一出生，就被父亲扔到了山谷里。没想到，俄狄浦斯被邻国国王收养，养父最终传位于他。机缘巧合下，不知情的他杀死了亲生父亲，又按照风俗，娶了前任国王的王后，也就是他的母亲。在这个故事中，充满了诅咒、预言、竞争、嫉妒等元素。

在婚姻关系中，要讨论为什么一方总是遭遇背叛，就要看看到底是什么让婚姻变成了一段比较安全的关系。

我们首先想到的可能是信任、尊重、接纳等，认为这些都是婚姻的基石。但恰恰这些是我们立马想到的，最不容易做到。

在此，我还要引入一个概念——主体间性。也就是说，在所有关系中，两人之间并无制造者和被带领者之分。关系朝哪个方向发展，其间会发生什么，都是两人和谋，共同制造出来的。

夫妻间同样存在主体间性。到底是妻子太爱唠叨，还是因为对丈夫讲了三百句，他都听不见，妻子才变得爱唠叨？到底是丈夫脾气不好，爱打砸东西，还是妻子嘴太碎，没事就出言讽刺，导致丈夫崩溃？无论哪种状况，都是两人共同作用的结果。

如果你说，嫁给对方是"倒了血霉"，自己这辈子算是毁了，那你就否认了自己在这段关系中的作用，否定了自己的力量和存在的价值。我们一定要去觉察婚姻到底是我的需要还是我们共同的需要，要感受到自己在这其中是有力量的。

有两个年轻人结婚不到十天，就想离婚了。两人都是游戏玩家，是在网上组队时候认识的。在接触中，两人发现彼此的生活很像。两人都家庭富足，不用上班，但感觉空虚、无聊。此外，两人的妈妈都很优秀、强势，他们自己在家庭当中的存在感很弱，所以无论感到快乐还是愤怒，两人都用游戏来表达和释放。

两人一见如故，一拍即合，于是迅速结婚了。在一起生活的十天里，没人做饭、收拾屋子。厨房里的脏盘、脏碗越堆越多，新婚礼物还搁在一边，拆都没拆。这些之前都是妈妈做的。他们就像两个宝宝偶然碰到，开始觉得"太好了，我们来玩结婚的游戏吧"，等结婚之后，都渴望对方成为自己的妈妈，但对方依然停留在宝宝的位置上。还好他俩觉醒得比较快，迅速发现两者的结合并不适合，所以离婚对他俩来说，不是件坏事。

这个事例告诉我们，两个人在结合的过程中，感受到的都是自己的需要。两人恋爱时，通常不会去想"他需要什么，想要在我身上得到什么样的体验，他到底是怎么想的"，而是想"我跟他在一起特别开心，特别无拘无束，很有共同语言"。如果在婚姻当中，你只看到你的需要，另一个人就没有被看见、被感受到，就不会回应和配合你。

有妻子说，老公特别会赚钱，养孩子也不错，但是觉得他有点儿懒，不讲卫生。她嘴里说的全是丈夫不好的方面。我问她，希望在婚姻中得到什么。她说，希望在婚姻中被丈夫疼爱，丈夫对孩子负责任、对家庭有担当。我追问她知不知道丈夫需要什么。这位妻子说，他不都挺好的嘛！这说明作为妻子，她没有考虑丈夫的需要。

如果我们只考虑自己的需要，而没有看到关系中对方的需要，就很容易看到对方的不足，很容易以指责对方的方式转移失落感。这就像捧着金饭碗去要饭，看不到自己拥有的，而只看到手中的碗是空的。

一个世人眼中的"妈宝男"想要结婚。因为他的妈妈强势又优秀，所以他也想找一个强势的女人当妻子。女方自认很强势，也希望找性格柔和的人。你看，他俩是不是一拍即合？但是，需求会变，更别说它有时候并不是我们以为的样子。

这个男孩想要和妈妈的替代者结婚。由于内心当中并没有跟妈妈分离，他的需求在婚后就变成了"我的妻子别那么强势，要更多以我妈妈为主"。他的需求改变了，但是他的妻子不一定有这个需求。他的妻子仍然想找一个跟自己创造幸福生活的丈夫。

在一段婚姻中，妻子出轨了。丈夫很伤心，给她买最好的车，让她出游住最贵的酒店，出行都是头等舱。但这里的信任、尊重、接纳都只是物质层面的。在生活模式和内在价值方面，尊重、信任、接纳是缺失的。他希望女孩在他妈妈面前表现得懂事乖巧，没有主见，生活能被随时侵入、干扰。妻子自然不能接受。妻子用出轨这样不恰当的处理方式逃避问题。最终，他们离婚了。

这个男人后来又再婚了。第二任妻子跟婆婆三天两头就争吵，还不断贬低他，"你没用，连你妈都搞不定，钱也挣不回来"。当他做生意，与人发生经济纠纷时，妻子一把揽了过来。这都是他的妈妈曾经的行为模式。他又给自己找了个妈，而这位妻子是乐于当妈的。她没有婚后要过独立、被尊重的生活的需要，只想突破丈夫的边界，"你的事我做主，你的客户我帮你搞定，你的问题我帮你处理"。这再现了他跟妈妈的关系。此时，两个妈妈互不相让，不断爆发婆媳战争。这个妻子跟婆婆变成了竞争和嫉妒的关系，冲突不断。

两人好的时候很幸福，每次来做咨询，男人就说想改变妻子，想改变妈妈。但这绝非他一人就能做到的，因为这种模式由他们共谋而来。他们都有某种内在需要，也必须一同处理俄狄浦斯情结所显露的竞争、嫉妒。

所以，当我们再去讨论"为什么被背叛的总是我"时，一定要记住，关系是两人的共谋。

第十五章

总是被分手，我会孤独终老吗？

理想化的关系，是自我获得力量的主要途径。这个关系可能是恋爱关系、朋友关系、同事关系，也可能是"我"与工作的关系。

一个人干什么工作可能跟他的内在人格有关。有这么一种说法：你的职业，其实是你的内在对某个角色的需要。比如，一个孤儿长大后，可能会成为幼儿园老师。"我爱每一个孩子，每一个孩子都因为我的爱而更加幸福、快乐"，他是在通过这样的方式疗愈自己被抛弃的创伤。

我喜欢自我探索。因为自幼被爸爸妈妈管太严，内心比较压抑，但是不清楚它们到底是现实生活的爱恨情仇，还是因为某个具体事件产生的。我想知道，它究竟是怎么回事，于是我成了一名心理咨询师。

再比如，有一个男孩，他的妈妈一直重病缠身。他一边学习，一边照顾妈妈。你能猜到他的职业吗？对，他成了医生，而且是特别有名的外科主刀医生。这就是理想化移情的状态——我能够治愈别人，我能够祛除病魔，我那个被病魔缠身的妈妈在理想化的层面上也就复活了。还有一种理解是，战胜病魔对于这个孩子来说是最伟大的事情。"虽然没有治愈我的妈妈，但我成了医生，成了自己的英雄"，这弥补了他理想化失败的那部分，同时对"我应该拥有，而没能拥有一个健康、有力量的妈妈的挫败感"进行了补偿。

上面的例子让我们可以看到，理想化的关系会在我们的各种关系中出现。同样，它还会在我们的亲子关系中表现得淋漓尽致。

理想化本身，是个体将自恋投射到父母身上，将他们理想化后，再通过父母的爱去体验自己。但理想化的父母和现实中的父母并没有一一对应的关系。我们希望父母成为什么样，他们却没能成为那样，或者说只是没有成为我们希望的样子，但那是父母的错吗？说到底，完美父母也只是我们的理想化而已。

一位年过五十的女性来访者至今还对她妈妈有很大的怨气。她排行第七，是家中最小的。妈妈脾气暴躁，大部分时间都对她恶语相向，偶尔还会打她。她因此特别自卑。但设身处地地想一下，在她出生的年代，家有七个孩子，物资匮乏，生活上面临各种困难。一个没有文化的、为生活所困的农村妇女能养活七个孩子，已经很不容易了。

别人对她说："我们家只有三个孩子，生活在二线城市，父母都在国企，收入稳定。我是最小的老三，却被妈妈过继给了亲戚。你是第七个孩子，你妈还能把你留在身边，我觉得她已经非常爱你了。"这就是理想化的父母和现实的父母之间的差距。

孩子需要理想化的父母存在，从而觉得"我是强大的一部分，所以我也很强大"。对父母的理想化是个人发展的重要阶段。没有这种理想化，就会让人产生自卑等心理问题。有个孩子总跟别人撒谎，说父母是大学教授，在美国做生意。实际上，他爸爸是在市场卖早餐的。其实这就是这个孩子对父母的理想化。

我在电视台做节目的时候，遇到一位编导。她大概三十出头，在恋爱中总是能挑出对方的毛病。她一度怀疑自己是不是恐婚，甚至有异性交往障碍。

我就跟她讨论她的爸爸是什么样的人。她是这么描述的：

一想起我爸爸，就能想起沙漠中的枯树，树干上全都是裂痕。你不能靠近他。一靠近他，他就会把你的手划破，因为纹路太粗糙了。他既不能提供任何水分，也不能够给你遮阳，还会伤害你，这就是我对爸爸的印象。

在这个女儿心中，爸爸没能承载理想化的部分，比如爸爸是有力量的，爸爸是允许我犯错的，带我探索未知世界的。这个女孩幻想的破灭、对理想化父亲的追求就转移到了她对未来男友的要求上。

那次谈话后，这个女孩终于知道她想要的是什么了。没过两年，她就结婚了，找了一个比她大九岁的丈夫。我见过她的丈夫，一看就很睿智，对人很包容，据说还特别能赚钱。

无论你是谁，世上必定有适合你的那一款，但前提是，你得知道自己想要哪款。你找37码的鞋，肯定能找到。如果你不知道自己的码数，那你可能会买大或买小，但绝不是因为世上没有适合你的鞋。等你知道你想要的是什么，而且真的想要的时候，那个人就会出现。这就是为什么我们说理解和探索自我非常重要。

为什么孩子的内在必须要有理想化父母的影像呢？因为只有孩子有了这样的影像，才会产生胜任感。

有一次，我跟随中央电视台的节目组到云南贫困山区做节目。上山时，我们遇到了泥石流，车没法开，只能停在原地。周围浓雾弥漫，什么也看不清，我坐在车里，听到山上滚落的泥土砸在车上，腿抖个不停，感觉脸上痒痒的，一摸全是眼泪。那一次真是特别害怕。

此时，我想到了我的爸爸，他是医生。一次突发山火，解放军战士上山救援，有人受伤。他们搭乘救护车上山救治伤员时，车翻了，我爸爸受了重伤。还好他凭借顽强的生命力，重新活了过来。

妈妈说，那时候两人刚结婚不久。因为爸爸已经停止呼吸好几分钟了，医生说就算救回来也是植物人，要拔管，但被妈妈坚决制止了。我就想，那么艰难的时候，爸爸妈妈都能够挺过来，我的内在一定也有像他们一样的力量。

在那个恐惧的夜里，我突然就迸发出了力量。我们从车窗户爬了出去，司机还叮嘱我们要贴着车身走。之后沿着狭窄漆黑的山路，我们来到了前面的村子里，等车把我们接走。第二天，我们去拖车时，泥石流已经把车推到了悬崖边。原来那时，我们距离悬崖只有不到一米的距离，稍不留神就会摔下山崖。我不禁想：我太棒了，战胜了恐惧。

作为父母，我们要有自信、有力量感，遇事时要能够保持思考能力，能够从容淡定。当孩子面对挫折和挑战时，他就会有一种胜任感。

很多人喜欢跟强者在一起，比如孩子爱追星，其实是他们内在有这样的需求，需要成为强者的一部分。

一个青春期的孩子追星，可能是因为他把被看见、被关注的渴望投射给了某个偶像。追星也可能源自对喜欢的羞耻。女孩子在青春期对男孩子有了感觉，感到很羞耻，怕被骂、被惩罚，可能会因此喜欢男明星。我问一个高一的女孩在学校有没有男朋友。她回答自己有六个老公。看我不解的样子，她妈妈补充道："她喜欢一个韩国的六人组合，都是花样美少男。"

　　我们的内在都有理想化的需求，会通过各种方式表达。家长要允许自己成为孩子希望自己成为的样子。不要没事老在孩子面前说伴侣的坏话。如果孩子理想化父母的部分得不到实现，那他内在就没有自我的力量感和胜任感。如果孩子某天内化了"我的爸爸是一个窝囊废"，那他就会成为窝囊废的一部分。表面上，他学习第一名，甚至是状元，又怎样？这只是他拼命制造的假象，他的内在还是窝囊废的一部分。

　　前面谎称父母是大学教授的孩子那样做的一个重要原因是，父母常跟孩子说"哎呀，爸妈没本事，只能摆摊卖早点，让人瞧不起"。如果身为早点摊老板的爸爸妈妈是自信、积极、阳光的，这个孩子就会有力量感和胜任感，能够比较快速、平稳地去应对世俗的比较。

第十六章

如何摆脱亲密关系的控制？

　　我想跟大家聊一聊亲密关系对自我的控制，以及如何让一个人丧失自由。我先给大家举个例子。俄罗斯和乌克兰之间发生战争，很多人对此事很关注，前两天我的男性朋友打来电话。

　　男性朋友：我最近感觉不太对劲。

　　我：怎么了？

　　男性朋友：我每天都在刷各种新闻，查俄罗斯和乌克兰的战争，控制不住去翻看各种信息，心里无比紧张，特别害怕有谁输了。

　　我：两人打仗肯定最后都会有输赢，就算是和谈，也有一个看起来更像赢者的姿态。那你里外都会让自己很难受啊！

男性朋友：是啊！我知道没必要，但是控制不住。现在我一刷信息就到夜里三四点，不刷我就特难受，我这是怎么了？

我：你看，你把自己的生活、事业都搞得特别好，每年公司的业绩都能上新台阶，婚姻也是大家公认的模范，孩子也很优秀。好像在你的人生当中，就没有什么不好的事。我想问，你是不是特别怕输啊？

男性朋友：我就是觉得，不做一个好丈夫、好老板、好老爹，就会有特别强烈的羞耻感。

我：我感觉，你对于俄乌战争的关注过度，源于你内心当中对输的恐惧。你把对输的恐惧，投射到了战争这件事上。

男性朋友：好像是的。

这位男性朋友的妈妈很早就去世了。所以在他心中有一种对亲密感丧失的恐惧。对于孩子来说，从小没有父母陪伴，长大后就会有很大的心理缺失。

我曾在做节目时，见过留守了九年的留守儿童。他刚出生四五个月，父母就外出打工了，直到他九岁才回来。在孩子的记忆里，甚至没有父母的模样。

对孩子而言，不管是长时间断绝了联系的留守，还是父母的死亡，都会让他有一种被抛弃感。孩子对死亡是没有概念的。他虽然知道爸爸或妈妈去世了，但是他内心依然有被抛弃的感受。这种被抛弃感特别容易让人在亲密关系当中有一种害怕失去的感觉。

这位男性朋友特别怕输，因为输对他意味着坏、不够优秀，会被别人讨厌、嫌弃，是羞耻的。一旦输掉，他就会坠入被抛弃的恐惧感当中，因此他会特别要求自己臻于完美，完全不敢松懈。

但是，总有事情是控制不住的。你无法让家里永远干净、整洁，控制不了孩子的下一步行动，他以后会经历什么，遭遇什么。其实，人的一生就是在不确定性和失控当中逐步获得控制感，进而体验自己的力量感的。

我跟男性朋友说，通过这次经历发现了自己的这个问题，对他不见得是坏事，否则他可能还没老死，就得把自个儿累死或者吓死。

我们要向大自然学习。一年四季更替，无论春夏多好，人们多么喜爱，寒冷的冬天依然会来。大自然不会根据我们的喜好发生什么，或不发生什么。我们只能够接受生命给予的东西，然后在一定范围内调整。

一个人想要保持某个东西不变，或是让它永远保持在恒定的状态，所要消耗的能量是巨大的。一定要保持什么都好的状态，其实就是变相地压抑愤怒。这种愤怒会逐步发展成为自己身体上的某个症状，比如强迫症或者肿瘤。

在我的团体工作坊中，有一位女医生。她的朋友几乎都是年长她很多的人。她很难跟同龄人相处，一交往就容易发生矛盾。她说，对同龄病人就无所谓，反正都是开药或医疗处理，不用付出太多情感。

一旦她跟这些忘年交的大姐姐、大哥哥建立了很好的情感关系，就会不由自主地猜测对方的想法，而且一猜一个准儿，显得非常善解人意。比如，她记得所有朋友的生日或其他重要的日子，会订蛋糕，送去惊喜。也知道他们所有的喜好，会跟特定的人交流他喜欢的书籍、电影。她努力地与他们保持同频。她说，就是要让朋友们觉得，因为生活中有她的出现，他们才那么开心。

因为家里困难，孩子多，她又是女孩，这个女医生从小就被送养了。因为被父母抛弃，她的亲密关系断裂了。控制她的恐惧是"害怕自己做不好"，因为不好就代表没有被留下的价值，就会被放弃、送走。为什么不把其他孩子送走？因为大姐已经能帮妈妈做家务了，二姐也已经不会尿床了，而自己刚出生，不具备任何价值。

在她的潜意识中，亲密关系的模式就是：如果我不好，就会被抛弃。这样的羞耻感和恐惧感在她的心中形成了特别强大的控制力，让她有过多的自我消耗。

她在小组里分享了一段经历。有一个同事过生日。为此，她早上六点多就起来，在家煎、炒、烹、炸，然后去朋友家，带去惊喜。那个朋友非常感动，直说连自己孩子都做不到这样。大家都被爱的氛围所围绕着。但是回去的路上，她有一种被掏空的感觉，特别疲惫。接近两个小时的路程，她莫名地哭了一路。她说，自己也不明白为何而哭。

从精神分析的角度来看，她觉得自己被接纳、被认可，需要过度付出；如果不付出，美好就会消失，自己就可能被遗忘。

其实，爱在人的原始自恋中，是不需要你做什么，就会让你有一种获得感的。你不需要做什么，就能在妈妈肚子里活下来，一出生就会有人喂你奶，就有人哄你睡觉等。

还有一些家长，会告诉孩子，要不是因为孩子，自己早就离婚了，要不是因为孩子，自己的事业会发展得很好。这样说虽然不妥，但是我们是可以理解的，因为人在完成自我挑战、自我突破时，是怀有很大的恐惧感的。当他不能够突破自我时，就放弃了自己创造另一种生活的可能性。这种自我抛弃对于个人而言，是特别羞耻和无力的。他只能怪罪他人，"把生活搞得一团糟的不是我，而是别人"。

虽然能理解，但是这会让孩子觉得是自己扼杀了妈妈的幸福，扼杀了爸爸的荣耀，产生愧疚感。

这种愧疚感，在现实层面可能导致两个极端，一个是破罐子破摔，另一个是"用我的人生来弥补父母的人生"。

我在参加电视节目《金牌调解》时，曾听到一位妈妈说她很后悔，要不是为了孩子，自己早就过上了快乐的生活，结果孩子跟爸爸一样，也没有良心。有没有可能，她的孩子长期带着愧疚感活着，承受不了，又无力改变，所以"破罐子破摔"？他内在的自我认同和妈妈对他的角色认同趋于一致，最终自我放弃。

至于"用我的人生来弥补父母的人生"的孩子，他们可能会觉得自己是罪人，所以不配吃更好的，穿更好的，不配独自幸福，必须给予妈妈更多的回报、补偿。

我曾给大家分享过温尼科特的诗歌，描述的就是"我用自己的人生去填补妈妈的人生"。温尼科特的假性自体概念讲的就是人会用"好"去完成对"不好"的防御，去完成对另一个人的效忠和爱的馈赠。因为害怕被抛弃，害怕因为没有价值被嫌弃，所以必须不断地证明自己，不断去满足他人的需要。这就是我们常说的讨好型人格。

一个人如果对亲密关系感到恐惧、羞耻，就可能会自我囚禁。只有我们正确地了解、面对自我囚禁和自由的关系，才能够拥有真正的自由。

第十七章

谁来决定春节该回谁家？

谈到亲密关系中的权力斗争，很多人都不理解。亲密关系不应该是"你好，我好，大家好"吗？这只是一种理想化的亲密关系。权力与斗争，才是亲密关系的常态。为什么我们在家容易吵架，因为在家里，我们处在更安全的状态。人本能地认为，好的都是自个儿的，不好的则是别人的。越是与你关系紧密的人，你越容易把他作为投射、移情的对象，和他发生矛盾。

在亲密关系中，权力斗争是怎样呈现的呢？

权力斗争的第一种情况是争夺孩子养育的主导权。很多人会通过掌握孩子养育的主导权，去确认、衡量自己有价值，被信任、尊重。

抛开权力争夺本身，我会告诉家长，没有谁的教育理念绝对正确，只要不是通过虐待、打骂、羞辱或溺爱来养育孩子就行。很多家认为教育只能有一种方式，这是陷入了绝对性或者唯一性的误区中。

比如说，妈妈认为此时应该尊重孩子，爸爸却跟孩子吵起来了，甚至撕了孩子的作业本，妈妈就认为，这是对自己爱和鼓励式教育的挑衅。但退一万步讲，爸爸跟孩子的冲突，是不是就一定会让孩子有巨大的羞耻感，就此一蹶不振，甚至不想活了呢？当然不是，关键在于妈妈后续的处理方式。

在后续跟孩子的交流中，妈妈可以安抚孩子，表达爱并鼓励他，跟他一起分析为什么爸爸会这样。妈妈完全可以引导孩子发现，在关系的互动中，他是非常重要的角色，他的行为能够引发不同的结果。如果这样做，这场看似严重的冲突，就会变成很好的教育机会。

权力斗争的第二种情况是决定春节回谁家。在中国人看来，春节太具象征意义了。回谁家，就意味着谁才是一家之主。

　　我遇到不少妻子说结婚很多年，没有一次春节是回娘家过的，自己特别委屈。实际她们说的是：这个家里，我不够有地位，不够被尊重、被爱。她们期待某天丈夫会说："今年回你家过年，年年都回我家，你也挺想家的。"这依然是一种权利斗争。

　　权力斗争的第三种情况是争夺署名权。生活中常见的就是房本上写谁名，车在谁名下，大额存折上是谁的名字。

　　一个来访者觉得老公对她不好，她却为他牺牲很多。那时候，丈夫在经济上犯了很严重的错误，她四处帮他筹款。但是老公对她没有耐心，不爱听她说话，甚至不爱回家。家里连女儿也不向着她。她愤愤地说，感觉自己养了个白眼狼。

　　我问她女儿是不是跟爸爸一个姓，她说不是，女儿随她姓。这就有意思了，因为在中国传统的家庭当中，孩子一般随父姓。

　　这个来访者生活在重男轻女的家庭里，从小不被待见。当她生完孩子后，就问老公孩子是否能随她姓，因为这样她的爸妈会觉得，生女儿也能传宗接代，她会有一种幸福感。老公当时同意了，但他是家里的独子，为此公公婆婆甚至要跟他断绝关系，但他还是坚定地这么做了。

我说："你看，在孩子的署名上，身为家中独子，他还能这么配合你。"这跟她之前形容的丈夫的丑恶嘴脸联系不到一起。听完我的话，这个来访者有了很多思考，之后也发生了很大的转变。

还有很多人为财产的署名发生过激烈的权利斗争。他们在争夺什么？一方面是安全感，另一方面是自己在家庭中被认可的感觉。

这一点在我为家庭主妇提供咨询时，尤其明显。你会发现她们的幸福感主要源于"虽然我一分不挣，但房子、车子、存款都是写的我的名"。是她们特别看中房子、车子、票子吗？不是，而是她们的内心觉得自己被认可了。

在遗产问题上，兄弟姐妹间争的不是物质的多少，而是父母到底更爱谁，内在依然是对于爱的争夺。物质是我们安全感的基础，其中也蕴含了情感。物质的分配代表对个体重要性的认可。

在复杂的家庭关系中，我们会通过形形色色的权力斗争，来表达自己对安全感、爱、尊重、价值等的渴望，确认自己存在的必要性、合理性。

在我看来，婚姻当中的权力更多的是在家庭中的话语权。当你有发言权，在家里说得上话时，你才有安全感和存在感。在亲密关系的团体工作坊里，有一个特别有意思的现象。当需要夫妻合作表演节目时，权利表达的不同形式就出现了。

民主型夫妻凡事共同商议，对于表演什么、怎么表演，都会提出各自认为有价值的意见，再沟通协商。

集中与民主型夫妻在合作表演节目时既有方向性，又允许变通。比如，丈夫先提出演小品。妻子会说，这想法挺好，但是自己不善于说话，一上台就紧张，怕到时候忘词，所以不如表演"我演你猜"。丈夫同意了，还表示挺好玩的。他们能对彼此的角色认同并愿意接受调整，也是相对较好的权利关系。

假民主的夫妻特别有意思。丈夫说两人一起朗诵诗，妻子说不行，太没意思了，又指责丈夫的想法太老套，遂提出一起做手工，还不用发言。丈夫也说不行，做手工，话都不敢说，多丢人。到最后，两人没有半点儿商量的余地，到头来还是以丈夫说的为主。这就叫假民主。

商量可以，但你想你的，我想我的，到最后，我只是给了你并不存在的权利，还是得听我的。在这种亲密关系中，人会形成一种扭曲的认知，就是"如果你认同了我，那我是被欣赏的，如果你不认同我，那你就是错误的"。

我刚开始参加工作时，有一个男领导提出要设计一个广告页。他问了几个员工怎么弄更有新意。有人觉得应该把图放在左边，把字放在右边，画面会有分割感，一目了然。又有人说，可以把图和字放在角落里，更引人注意。但最终，这位领导没有采纳我们任何人的意见，而是自个儿决定了。这也是假民主。

当时领导做了决定，有个同事就很直接地说："既然你都有了决定，为什么还要问我们，这不是在看我们笑话吗？你是故意等我们说出来，打击我们的吗？"领导愣了一下，说："你怎么这么不虚心啊，你这个年轻人怎么这样啊？"

如果此时，这个年轻人不出声，可能就会产生投射性认同。这个投射性认同就是：你是权威，是正确的，我是无能的。我离开你这个有经验的前辈，我就一事无成。这个年轻人就会产生一种无能感。对他来说，这当然不是一件好事。

还有一类夫妻的模式是：妻子说让丈夫伴奏，自己唱歌，丈夫说"听我的吧，你也没什么好主意"。妻子会有一种被堵回去的压抑感。

亲密关系当中的权力和斗争，在表现形式上虽然千差万别，但内在依然是在确认自己是否安全，是否被爱、被尊重，是否有价值。

当一个人是自信的，自我价值感、尊严都处在健康状态时，他会允许不同的声音存在，允许差异性的出现。当一个人的内在有强烈的匮乏感和自卑感时，他就会觉得别人对他不尊重，就会进入应激的对抗状态。

我特别想分享南非国父曼德拉的故事。他因为政治原因被囚禁多年，出狱后到处去演讲，讲民主，讲自由，讲人性等。有一个记者问他："你恨看管你的那个看守吗？"因为在狱中，曼德拉遭受过看守的虐待。曼德拉回答说："我不恨他。当我走出囚室，迈过通往自由的监狱大门时，我已经清楚，自己若不能把悲伤和怨恨留在身后，那么我仍在狱中。"

我曾出版《焦虑的大人和不被看见的孩子》一书，其中就谈到如何成为自己生活的主宰者。秘诀就是：甘当生活的制造者和选择者，永不丢弃自尊、自信、爱的权利。

第十八章

如何为孩子打好幸福地基？

依恋理论在心理学中非常重要。人一生的幸福取决于他依恋的基础是否牢固。如果他拥有一个牢固的、安全的依恋基础，他就拥有了人生的幸福地基。依恋指的是亲密关系的状态，即两个人在怎样的距离、模式中，会出现和保持怎样的关系。

婚姻关系很复杂。丈夫与妻子，从根本上来说就是男与女。两个人常常相互支撑，但是某个时刻丈夫会退行成孩子，需要妻子像妈妈一样，在他脆弱时给予安慰。有时候他又成了英雄，像是爸爸保护了妻子。他不会只有一种状态，而是跳跃性地变化。只有当你读懂了依恋模式，才能读懂所爱的人。

很多人问我，矛盾型依恋和回避型依恋的人要怎么办。其实，依恋类型没有好坏之分，不涉及任何评价。比如，安全型依恋的人不一定特别有力量。只要我们能够看清自己亲密关系的模式，就能够进行自我发现和探索。

首先说一说安全型依恋。什么是安全型依恋？孩子跟妈妈在一起时，会很高兴。妈妈要走，孩子会变得不高兴，但是当妈妈离开后，这个孩子又能够很快地调整自己，平静下来，继续玩耍。等妈妈回来后，他又能重新跟妈妈亲热起来。这就是安全型依恋。

我们再来看看焦虑型依恋。这种类型的依恋，用老百姓的话说，就是难伺候，怎么都不行。妈妈在的时候闹腾，不在时也闹腾。因为这个孩子内在的客体是不稳定、不恒定的，所以妈妈在时，他处在害怕失去的恐惧当中，不停闹腾。妈妈不在时，就更愤怒、恐惧了，继续闹腾。因为他始终在担忧妈妈会消失，所以无法专注在自己的游戏上。

很多出现学习问题的孩子，不是笨，也并非真的听不懂，而是他所有的注意力都没有放在自己身上。

他把注意力放在爸爸妈妈是不是和好了，是不是打架了，是不是又要把他暴打一顿等上面。

还有一种依恋模式是回避型依恋。所谓回避型依恋，就是妈妈在，孩子不高兴，妈妈不在，他也无所谓，特别冷淡。有的妈妈觉得孩子性格很冷，其实这是一种防御机制或者反向形成，为了回避"万一我失去"的巨大悲伤和恐惧。他会觉得"有妈妈时，我不那么开心，不那么享受，那么当妈妈消失后，我就不会那么在意了"。

有位来访者想要离婚，因为觉得她选错了结婚对象。以前谈恋爱时，她觉得男方情绪特别稳定，既不会特别开心，也不会太不高兴。这人对她没特别好，也没特别坏，即使她偶尔做得不太好，他也不会很生气。她就觉着，找这样的老公还挺不错的，至少生活不闹腾。等婚后，她才发现他非常冷漠，和他在一起有一种特别强烈的孤独感。这位丈夫就是典型的回避型依恋。

原来，这位丈夫的爸爸特别强势，也特别能干，在十里八乡都算得上赚钱的一把好手。但他爸爸将强势带入生活，对他有很多批评、否定等。因为妈妈与爸爸一起创业，他很小就被独自留在家里。他说，经常独自在家三五天，连饼干都吃光了，爸妈也没回来，只能去敲邻居家的门，要点吃的，等爸妈回来再还给他们。他被父母遗忘了。

可是等父母回来，爸爸对他批评不断，妈妈也不管，这让他有了"我特别想要爱，却得不到"的孤独感。他始终处于一种彻底失望的状态，这反映到他的婚姻关系中，就会让妻子感受不到他的存在。

只有这个丈夫觉察到自己的依恋模式是回避型依恋，然后调整自己的行为模式，才有可能改变家庭的相处氛围。

最后我们来看一看矛盾型依恋。这种依恋模式会让人感觉冰火两重天，这一类型的人表现出一种边缘化或是病态的人格状态。

　　焦虑型依恋是"你在也不行，不在也不行"。
回避型依恋是"你在或不在，我都感觉不到你的存
在"。两者掺杂在一起，正是矛盾型依恋。这个类型
是依恋理论的研究者们后期加入的。

　　在孩子的教养过程中，妈妈更多的是接纳和保
护。妈妈因为害怕孩子受伤难免会有点儿焦虑，所以
妈妈传递给孩子情感细腻的特质。爸爸会鼓励孩子去
探索、突破。比如震颤活动，就是爸爸将孩子高高抛
起接住，妈妈在旁边看得心惊肉跳，担心摔着孩子。
孩子一开始可能紧张，但几次之后就跟爸爸玩作一团
了。这种体验会让孩子承受挫折的能力得到加强。

　　爸爸的存在对于孩子很重要，对于妈妈更重要。
大部分的产后抑郁，都与爸爸的缺位有关。爸爸的缺
位还可能导致妈妈情感匮乏，寻找爱的替代品，比如
把所有的爱转移到孩子身上。

　　有人会问，如果妈妈强大一些，带着孩子探索，
能够替代爸爸的位置吗？

要知道，对妈妈强大的要求，一部分来自自我期待，一部分来自外在压力。"为母则刚"说的就是女人做了妈妈之后要强大，这是对于自我理想化的期待。此刻她的内在可能处于"我害怕我做不到，害怕我做不好，担心孩子出问题"的担忧和恐惧中。担忧可能演变为焦虑反应。这也是妈妈焦虑的一个普遍来源。一旦她把这种焦虑投射给孩子，孩子可能就会生出各种问题。

传统观念也可能成为焦虑的来源。我们的社会对于妈妈有着天然的要求。在我做女性产后抑郁工作的过程中，就发现有太多女性朋友承受的心理压力都来自社会。如果孩子生病，带去就医，医生可能会说："怎么你家孩子老生病？你这妈怎么当的？"如果孩子瘦弱，公婆可能会说："你是不是没给孩子做好吃的？你这妈怎么当的？"可以说，社会给女性的压力或者期待是非常大的。

如果此时爸爸缺位，没陪在妈妈身边，或是在情感上没有很好地陪伴妈妈，孩子和妈妈就比较难形成一种安全的依恋关系。因为孩子得去安抚妈妈内在的恐惧和匮乏感。

第十九章

爱情会变亲情吗？

人们常说恋爱中的人很傻。在爱情当中，人会退行到早期的婴儿状态。处在恋爱中的人会感觉"我可以为了他做任何事，他也可以为了我做任何事"。这是一种理想化——对重要他人的理想化和对自我的理想化。在恋爱中，人的自恋得到了充分的体现。

爱情是有生命周期的。两个人在热恋阶段，恨不得天天腻在一起，没事就发信息，这是共生状态。这类似于妈妈和婴儿的共生状态。

随着时间的推移，两个人到了蜜月期，互相看对方哪儿都好。只要在一起，不管干什么都是好的。两个人就像幼儿园的小朋友，一起画画、唱歌，把彼此当作最好的朋友，甚至要结婚。

接着两个人到了冷静观察期，对应儿童的分化期。这时，激情稍微退却，人不再是全能自恋的满足状态。双方开始观察对方上班是不是积极，是不是真的喜欢社交，是不是对长辈很好……

然后是磨合期。一方可能会发现，自己对对方有很多误解，理想化投射是失败的。以前对方恨不得一天给你打三百个电话，现在是三天打一个电话。以前打电话对方立马就接，现在就算接了，也是"在开会，忙着呢"。此时一方会对另一方不满、挑刺。

在磨合期后，就到了情感的创造期。你可能会觉得理想化对象实现不了，"罢了，别人靠不上，那就靠自己吧"。你开始把理想化撤回或者转移。指望不上你，那我就好好工作，好好学习、考证。你会因为理想化的受挫，把注意力撤回到自己身上，或转移到其他事件上，比如发展事业。

如果突然间发现，两人拉开一段距离后，关系反而好了，没有那么紧张了，那么恭喜你们进入稳定期。

到了稳定期，你们的理想化已撤回，都在关注自身发展。两个人独立的状态出现了。这个时候，爱情不像爱情，因为爱情就是"你中有我，我中有你"，是纠缠在一起的情感状态。但现在，你们的关系变成了两个独立的个体在一起的情感关系。此时，这种关系不会惊天地，泣鬼神。你不会一想到他，就茶饭不思，为伊消得人憔悴。是你不爱他了吗？爱。不想他了吗？想。不惦记他了吗？惦记。很多人因为无法定义这样的感情状态，所以就会说爱情变成了亲情。

亲情是内在的一种持续而稳定的情感模式。夫妻多年，感情状态肯定是要变的，不变才有问题。天天为爱痴狂，就跟高烧42度似的，人容易烧死。

正常的亲密关系就是以理想化对方为起点，经历理想化受挫，撤回理想化，自我实现、自我发展，以形成稳定的成熟情感为终点。这与我们通常认为的亲情有很大的差别。因为在亲人之间是不会出现爱情的，即使出现，也是在心理层面，比如俄狄浦斯情结。

在婚姻中，我们说的爱情变亲情，指的就是感情的稳定性。但是为何很多人说爱情变亲情是一种贬义呢？

以前我跟我哥睡一个被窝，跟我姐穿一条裤子，现在不行了，我得想着啥事我都别吃亏。在人成熟后，他会为自己考虑更多。此时，我们所谓的亲情是有距离感的，会很在意自己有没有被全然关注，有没有被关爱、呵护，甚至还带着竞争性。

当我们去感叹自己的爱情变成了亲情时，并不是在说成熟、稳定和健康的关系。更多的是说，在家庭中，夫妻各过各的，没有内在的情感联结，成了形式上的一家人。大家才会觉得说爱情变亲情是一种贬义。

弗洛姆在《爱的艺术》中提出了爱的三个误解。

第一个误解：爱只是被爱，而不是主动去爱。

你是否会认为，他不爱你了，你们俩之间没爱情了？你所说的他不爱你，何尝不是他不被爱了？被爱是爱的一部分，但是我们所说的爱，是一种主动的爱。你有没有主动爱他？有一个三十多岁的来访者努力上进，长得也很漂亮，家里老催着她结婚。春节前，她谈了一个北京的男朋友，双方感觉不错。在某次团体活动中，她说自己特别失落和忐忑，因为男孩已经二十天没跟她见面了，只是偶尔发发短信、聊聊天，所以她觉得男孩不是特别爱她。听完，有人问："那你爱他吗？"她说："我觉得他挺好的，我挺喜欢他的。""你要是爱他，你为什么不去找他，去看一眼，去为他做点儿什么呢？"

第二个误解：爱是对象的问题，而非自身能力的问题。

在很多婚姻中，妻子抱怨老公是暴脾气，家里没有爱的感觉，认为所有的爱都是由老公制造的，和自己的爱的能力没有关系。

也有妻子会说，跟丈夫结婚十几年，一点儿意思都没有。她的意思是，生活的乐趣必然是丈夫给的。但是，我们为什么不自己去创造生活的乐趣呢？如果丈夫不能让你们的婚姻有意思，你为什么不能让它有意思呢？

第三个误解：永恒的爱等同于即时的爱。

很多人会畅想，如果我们能回到刚开始恋爱那会儿，该有多好！但是，关系到了一定阶段，必然朝着更成熟、更健康的方向发展。不管是母婴关系，还是爱情、婚姻，都不可能一直处于理想化的幻想中。这是我们对爱的误解。

爱情必然会变成亲情关系，无论是健康的还是不健康的。除了刚才的三个误解，弗洛姆还告诉我们爱的五个要素——给予、关心、责任、尊重、认识。这里，请注意最后一个要素——认识。有人说，难道我不认识我老公吗？我们在一起二十年了，怎么可能不认识呢？这个认识，不单纯是外在的认识，更是内在的认识、对自己的认识。

　　如果没有给予、关心、责任、尊重、认识，没有利他感，爱就会变得很脆弱，就会让你有婚姻是爱情坟墓的感觉。其实，婚姻是一个特别好的容器，能够让激烈的情感趋于平静。在这种平静中，慢慢展开人生画卷，一定是非常美好的感觉。

第二十章

如何为爱情保鲜？

谈到如何为爱情保鲜，我想从弗洛伊德讲起。弗洛伊德讲人有两种驱力：性驱力和攻击驱力。想为爱情保鲜，一定是跟性有关的。

性是爱情和其他亲密关系标志性的区别，我与爱的对象有性的活动，既能获得生理上的满足，更能获得精神上的满足。性对个体的影响非常大。具体来说，性对于个体到底有哪些影响呢？

首先在生物层面，也就是现实层面上，它能够让我们感觉快乐、舒畅、放松。在我做咨询的过程中，当涉及性的问题时，无论男女，都会表达出特别强烈的挫败感，觉得自己很不健康，没有力量，特别无能。

在生物层面，性不仅带给我们快乐、放松，也能让我们具有活力。有活力代表什么？代表健康，代表有繁衍的能力。我为更年期女性做心理咨询时，发现她们存在巨大的悲伤。这种悲伤来自自己不再具备青春的生命体征，不再具备繁衍的能力。孩子是我们在象征层面的永生状态。孩子会有他自己的孩子，他的孩子又会有自己的孩子，子子孙孙，世世代代，繁衍不息。所以，人的性出现问题、不能繁衍，会带给人巨大的挫败感。甚至有女性觉得，自己生不出孩子，所以对不起丈夫，想要离婚。

对个体而言，性也有巨大的心理意义。当性消失时，人就会有非常强烈的缺失感，安全感也会下降。我有一个学生一直很开朗，突然间变得格外沉默。其他人问她，最近看她老是闷闷不乐的，是家里发生什么事了吗？她支支吾吾半天，才透露最近她老公不知道为何跟她分房睡了。她特别难受，对着镜子看来看去，猜测是不是因为自己肚子上肉太多，卸妆后不好看了。她的性别价值受到了很大的质疑，导致她出现了明显的情绪变化。

当一个人的完整性遭到破坏时，他的性功能也会受到影响。有个来访者本身没有阳痿、早泄的现象，只是精子活跃度不够。由于无法生育，他产生了很强烈的羞耻感，觉得自己不是个真男人，特别差劲。他总是在想这件事，导致他出现了性功能障碍。

总之，要想为爱情保鲜，夫妻之间一定要有亲密行为。亲密行为可以是现实层面的，也可以是象征层面的。比如两人可以一起去看房子，去菜市场买菜，融入对方。

有人可能会通过退行的方式完成亲密行为的表达。在做家庭暴力问题干预时，我发现10个暴力男，9个都酗酒。为什么？因为他的内在有匮乏感，需要通过酒精制造强大的幻觉。他们的性能力通常也会有问题。因为内在的匮乏感会让他在现实行为上受挫。他会用什么去补偿呢？用退行的方式，也就是像孩子一样哭闹、撒泼打滚，达到性的满足。有些夫妻打得特别厉害，就是不离婚，其实他们只是在用另一种方式，表达亲密。

性的表达方式有很多，其中有很多升华的表达方式。希望大家有更多的勇气面对性。

第二十一章

为了孩子，我们绝不离婚

　　谈及如何维持婚姻，很多人会说，自己是为了孩子才不离婚的。但婚姻的存续真的只是为了孩子吗？毫无疑问，人和人的关系包含重大价值，其中既有外在的现实价值，又有内在的精神价值或情感价值。孩子与父母之间涉及的价值难以估量。

　　在生物层面，孩子其实是父母血脉的延续。我有一个朋友和妻子想要孩子很多年。他们尝试了试管、放松、瑜伽等各种方式，却还是要不上孩子，为此特别低落。朋友曾跟我说："完了！我们家要绝后了，我不孝啊！"这是不孝吗？看起来更像是怕死。

　　终于夫妻俩放弃了，结果不到半年却怀上了，生了一个大胖小子。这个朋友打电话告诉我："我有后啦，我有血脉啦！等我死了，有人给我上坟了。"

在心理层面，孩子是父母自我的延续。孩子传承了我们的品质、思想，让我们能够以另一种形式留存于世。很多时候，孩子给了我们重新来过的机会。

我常遗憾，小时候没有好好学习。所以，当我有了孩子，我就让他去上很好的学校。我的父母同样如此。他们都是医生，又特别喜欢音乐。生我的前一天，我妈还捧着肚子，跟我爸追着公交汽车，去音乐厅听交响乐。他们成长在物资匮乏的年代，没有机会学音乐，但从我五岁起，就让我学习小提琴。

离婚的理由千千万，但不离婚的理由，往往只需要一个。

有人不离婚是因为遭到来自父母的阻拦。宁拆一座庙，不拆一桩婚。夫妻离婚，父母往往会从劝阻、责骂，再到威胁。但真的起效吗？身边的女性朋友就是个例子。她的老公出轨了，与小三一起，不再回家。她带着孩子去找婆婆，婆婆斩钉截铁地告诉她，绝不让小三进门，所有的钱都留给孙子。

话虽如此，如果朋友的老公坚决离婚，小三上位，再婚后又有了孩子，那么再过几年，这位婆婆还会那么决绝，不认儿子，继续把前儿媳当亲闺女吗？基本不会。因为，这就是血缘啊！该是谁爸还是谁爸，该是谁妈还是谁妈。孩子就是父母自恋的延续。

因此，父母的劝阻无法成为夫妻不离婚的绝对理由。

有人是因为财产不离婚。很多离婚案例的重点便是财产分割。比如在节目中，我们能看到很多夫妻谈及离婚时只有一句话——帮他们把财产分割清楚。女方说，我得要一套房子，得要100万。男方开始不同意，坚称给房不给钱，给钱不给房。对此，女方坚决表示，不行，就得给房又给钱。最后，男方豁出去了，非离不可，不仅给房子，还把所有的钱都给女方，自己净身出户。此时，女方不干了，除了房子和100万外，男方还得每月给她1万块钱生活费。

这样不断加码，显然男方无法接受。或许，这才是女方的真正目的，企图以财产劝退男方，让他不离婚。因为，她实在没法说出内心的真实想法——不想离婚，而只能以财产作为不离婚的谈判筹码。但是，财产毕竟是物质的，它可谈、可商量。

很多人会说不离婚是因为孩子。孩子是父母自我的延续，既承载了爸爸的期待，也承载了妈妈的渴望；既承载了爸爸的爱，也承载了妈妈的关怀。房子能合住，车能卖，钱能分两半，孩子却不能一分为二，一人一半。这个时候，孩子成为我们留在婚姻当中的唯一却足够充分的理由。

那这到底算不算是为了孩子不离婚？还是说，这只是我们为婚姻启用的防御机制，或者躲在婚姻中的一个借口。

在现实层面，婚姻中的女性大部分都具有极大的牺牲精神。在我的来访者中，有很多妈妈等孩子上了幼儿园，稍微稳定一段时间后，才重回职场，其回归的过程无疑是异常艰难的。如果此时再遭遇婚姻破

裂，她可能会想孤身一人如何抚养孩子，如何给孩子
完整、积极、健康的成长环境。总之，婚姻中的女性
在情感上和经济上都特别容易陷入被动。

　　我认识一个妈妈，她是某电视台的著名主持人。
作为职场女性，离婚后首先要面临的就是抚养孩子的
问题。她有两个孩子，离婚时都归了她。她又做主持
人，又做策划，还要带两个孩子。还好她有父母同
住，也有阿姨相帮，才没有太大的负担和压力。她告
诉我，以前觉得自己被老公宠着。当她发现婚姻中有
难以忍受的部分时，也曾纠结过。她试着问自己，到
底是在无法忍受的状态下，苟活一辈子，还是去跟命
运争一把，没准有不一样的人生。最终，她选择了后
者。她也知道，一旦做出这样的选择，就意味着要在
孩子的成长过程中付出更多，在职业发展上更辛苦，
要跳出舒适圈。

　　很多人会想，不离婚就可以为孩子保留生存和爱
的环境。但是生存与爱的环境并非只能在婚姻中获

得。如果一个人真的敢于面对自我挑战，不去回避种种困难，那么我想，为了孩子不离婚的说法就会站不住脚。

我们并不是说，要一刀切地论证只为了孩子不离婚这个说法是错的。毕竟不经他人苦，莫劝他人善。没有站在当事人的位置上，很难明白他到底经历了什么。

可不可以不离婚？可以，那是你自己的人生。但是不要拿孩子做借口。不离婚是为了孩子，这种说法可能会让孩子产生愧疚感，不利于他的身心健康。

第二十二章

如何在关系中互相滋养？

很多人在情感关系上会抱有理想化的执念，处于偏执的状态。

我有一个来访者是带着女儿嫁给第二任丈夫的，丈夫则是初婚。这位丈夫没有生育能力，但对她们特好。女儿至今还不知道他是她的继父。

来访者忙于工作，将孩子交给丈夫照顾，因为他是校园的保安，工作比较清闲。她是家政人员，每天都特别忙碌。她说，自己想多挣钱，买房子，让家里生活好起来。

她后来做了住家保姆，一住就是两年，偶尔在周末或节假日回家。某天她回家后，发现丈夫去跳广场舞了。因为丈夫是有寒暑假的，平日没事就去跳广场舞。她发现丈夫跟一个舞伴勾勾搭搭，特别暧昧。她跟踪他们，发现这两人已经有不正当的关系。

她不明白，为什么丈夫要背叛她。特别是女儿长大后，她挣的所有钱都给他了。她舍不得穿皮鞋，但会给丈夫买皮鞋。人家都说他穿得很体面，一点儿不像个保安，反倒像是开公司的老板。

我说："你给他养得白白胖胖，穿得这么好看，又有精神头，难道他天天坐在家里照镜子吗？你恨不得三个月不回家一趟，回去一次也只待半天，做做清洁，就又走了。五六年来你一直保持这样的状态。你先生是一个人，他有男性正常的情感和生理需求。你可以为了生活不要这些，但那是你的选择，你不能认为，你不要，他也不要。"这个妻子说她根本没想到这点。这是什么？这就是对于爱人的理想化。虽然她外出赚钱承担了丈夫的焦虑，但丈夫需要的是爱和尊重。

当我们在谈关系中的相互滋养时，首先要对人性有最基本的承认。人会有对善良的坚持，也会有自私的时候。人性是复杂的。我们常说盖棺定论，就是说人死了搁在棺材里，把棺材板给盖上时，我们才能去评述这个人。只要人还活着，就会处在不断的变化中。我们需要在关系中，对人有一个充分的认识。只有这样我们，才会更多地接纳自己，对对方有更多的宽容和理解。

当我们对人的复杂性有充分的理解后，就不会将价值集中在一个点上。如果人始终处在理想化的对他人的期待中，就很容易产生"他应该对我好，应该爱我，应该养着我，应该包容我"的想法。当你把价值集中在一点上时，关系对象可能不能承受。

疫情时，我没有办法去重庆讲课，也就没有了这部分收入。但我不会焦虑，因为我还可以做咨询、讲课、写作。在家庭中，如果今天老公没做饭，我不会觉得他不好。明天手被门夹了，我也不会埋怨。家里人说了我不爱听的话，我也不会炸毛。我有一定的耐受性，我不会因为自己内心的过度焦虑，而把别人当成出气筒或者替罪羊。

只有当我们能够通过自己的多重社会角色获得价值感时，我们的内在焦虑才能得到释放，而不至于破坏亲密关系。

以前我录课、做节目，从早上7点开始一直到晚上11点，中间只有半小时吃饭的时间。一开始，我觉着这都不是事儿，连轴转三天都没事，现在就不行了，常常有力不从心的感觉。当人的力量不足时，就会处在焦虑的状态。很多老年人容易脾气不好，就是因为他想做，而没有能力去做，因为他的体力支撑不了。他会烦躁、愧疚、发脾气。总之，有力量的感觉是价值感的重要来源。

那怎么获得力量呢？当然是通过运动、良好的生活作息。经常有人问我："柏老师，你是如何保持身心健康的？你看起来比实际年龄小，是不是有什么秘诀？"没有秘诀，就是该吃吃、该睡睡，尽可能保持规律的作息和运动。

第二十三章

我究竟为何生气？

很多时候，明明事情不大，我们却特别生气。我们学了很多情绪管理的方法，事到临头还是没有办法平静下来，总是无法控制自己的脾气。这是为什么呢？

在回答这个问题之前，我们先来了解两个概念——客观现实和心理现实。

什么是客观现实？春去秋来，孩子上学，我们工作，这些都是现实生活中发生的。这些现象是客观存在的，无好坏对错之分，我们称之为客观现实。

什么是心理现实？当我们看见春天的花谢时，会感到失落和伤感；夏天即将来临，我们会感到欣喜和快乐；等到了冬天，我们又有萧瑟的感觉。这些感觉都是我们内心的体验，也是我们对于外界客观事物的不同反应，叫作心理现实。

人的客观现实和心理现实并不总是一致的。不论是在生活中，还是在心理咨询中，两者存在差异的情况十分常见。如果一定要把不一致扭转为一致，就很容易产生不好的感受和影响。

小朋友放学回家和父母抱怨，觉得班里的同学很讨厌，老师很坏。作为家长，如果我们站在成年人的角度看问题，就可能认为孩子的判断有失偏颇，因此否定孩子的说法。这样一来，我们就否认了孩子的心理现实。对于孩子来说，面对讨厌的同学已经很不开心了，现在又不被父母理解，这种感觉是十分糟糕的。

心理现实来自人对自我的感受，其中可能包括早期成长经历对人的影响。这份内在的心理状态是看不见、摸不着的。

有的妻子在给丈夫发信息、打电话之后，没有得到回复，就会控制不住地胡思乱想，甚至暴怒。理智上她知道丈夫可能在工作，无法接听电话，却无法控制自己，这就是她的心理现实。

我们要理解这位妻子的心理现实，就要多了解她的过往。她的妈妈情绪暴躁，做事情习惯考虑别人的看法，经常对她说"你这样做，让别人怎么看我们""你这么做，会不会让别人笑话""你这么做，别人会说妈妈没有教好你，说你没有家教，说我们家特别差劲"等。从这些表述中，我们可以看到，这位妻子内心感受不到妈妈对她的理解、接纳、包容，妈妈和她内心的联结没有那么紧密，她很容易产生被抛弃的感觉。

她有一个比她小两岁的亲弟弟。爸爸是非常喜欢儿子的，格外宠爱弟弟。无论爸爸去哪里，都会带着弟弟，把她留在家里。她觉得自己无法融入爸爸和弟弟的世界，爸爸不爱她，只爱弟弟。越是这样，她越希望自己能够成为爸爸妈妈心目中重要的人，让妈妈不会因为自己丢脸，让爸爸觉得自己和弟弟一样值得被爱。

　　她非常努力地学习、工作，考上了一线城市的重点大学，并且留在一线城市工作，她确实因此在家得到了更多重视。可是，当弟弟结婚时，家人希望她能帮弟弟凑彩礼钱，弟弟装修房子时、爸妈生病时、弟弟生孩子时，家里人只会叫她多寄些钱回来。她觉得自己就是家里的"提款机"，没有人关心她工作累不累、生活得开不开心、有没有受委屈。在情感上，她一直都有被抛弃的感觉。在她的心理现实里，她是不重要、不被需要、被抛弃的。她的内心其实是特别渴望被爱、被好好对待的。于是，当她的丈夫不能及时回信息、接电话时，丈夫是否忙碌已经不重要了，她只会觉得丈夫不爱自己、自己要被丈夫抛弃了。她的内心翻涌而起的是巨大的悲伤、恐惧，同时出现控制不住的愤怒。

　　这就是客观现实和心理现实的巨大反差。我们会发现，人不一定活在现实中，可能活在推测、想象和自我认同里。心理现实和我们的内在有关，和成长经历有关，我们会把内心当中的情绪情感，投射到外在和他人的关系中。

有个妈妈说她的孩子非常聪明、自律，可是她对孩子特别没有耐心。如果一件事情教孩子三遍，孩子依然记不住或出错的话，她就会发脾气，对着孩子大喊大叫。在这种情形下，孩子就更学不会了。在这位妈妈的内心世界里，她其实觉得孩子不够聪明、不够好，自己也不是一个优秀的妈妈。她担心孩子和她一样不优秀，期待孩子一学就会，无法接受孩子学习迟缓。她不断地鞭笞孩子，孩子内心的挫败感越来越强烈。长此以往，孩子很难自信起来。相应地，这位妈妈也会越来越质疑自己，变得更加暴躁。

这位妈妈也知道学习是一个缓慢积累的过程。可是为什么当孩子稍微慢一些时，她就反应那么强烈呢？因为她内心体验到的是强烈的挫败感、无力感。她觉得自己无法一下子教会孩子，是蠢笨的。她可能会想，孩子是不是贪玩、不求上进或者故意作对，她会把内心的无力和愤怒转向孩子。这就是这位妈妈的心理现实。

客观现实本身没有好坏对错之分。如果我们不去评判，只是去观察，就会发现孩子成长的过程是一个自然发展的过程。

有的妻子会厌烦丈夫总是缠着自己，别的妻子可能会羡慕她丈夫总陪在她身边。这是客观现实给不同的人带来的不同心理现实。有人会好奇，人是不是一定要把外在的客观现实变成心里想要的样子，才能快乐和幸福。

有位家长发现，不一定是孩子有问题，可能是自己有问题。他觉得孩子英语不好，就想方设法给孩子补习英语；等孩子英语好了，他又觉得孩子营养跟不上了，身高和同龄人差一截，又开始给孩子做营养餐；孩子身体越来越好，他又担心孩子会不会早恋，会不会有青春期迷茫。这时候，孩子问家长："是不是觉得我必须得有问题才行？如果我没有问题，你就没事可干？"家长被孩子的这句话点醒了。

家长似乎总想证明自己有用，证明自己被需要、做得好。很多时候，不是孩子有问题，只是家长需要一个问题来让自己成为问题的解决者，从而证明自己是被需要的，是重要的。还好，这位家长是有自我觉察的。

心理健康的人能够理解心理现实和客观现实的差异。他能够看到现象本身在表达什么，能够更好地理解自己的感受和行为。也就是我们常说的，能够很好地和这个世界相处，很好地处理自己的生活。如果不能区分二者的差异，人就会产生混乱、不愉快的感受。

有位丈夫为人暴躁。他的收入没有妻子多，学历也没有妻子高。他从农村来，妻子在城市长大。他总觉得妻子看不起他，不尊重他，甚至贬低他。他内心一直渴望自己成为足够优秀、赚钱比妻子多、能够配得上妻子的人。所以，一直以来，他都很痛苦。有时候，回家晚了，妻子的一句问候会让他认为是对自己的指责。有时候，他会和孩子讲妻子的坏话，似乎这样做，就能把孩子拉到自己的阵营中，虽然他也觉得这样很幼稚。他始终活在自己的心理现实中，长期处于自卑状态，无法看到妻子对自己的爱，对家庭的付出等客观现实。他被自己的心理现实所淹没，无法看到外在客观的事件，因而没办法真正理解自己和他人，无法和他人建立良好的互动，很容易产生矛盾和冲突。

我们需要区分什么是我的心理感受，什么是真实的客观现象。我们需要试着去理解，外在到底发生了什么，内在世界又做出了怎样的解读。当我们拥有了觉察能力后，就能够很好地看见自己和外在的关系，在处理问题的时候，就不会给自己制造心理困扰。

对于自己的心理现实有更多的理解和觉察，能够帮助我们更加顺畅地生活。当我们知道了自己到底为什么生气，带着这份觉察去理解自己和外在的世界时，想必生气的感觉和当初相比，也会大大不同。

第二十四章

你真的了解自卑吗？

　　自卑和自恋是一个硬币的两面。如果一个人特别自恋，他也会特别自卑。如果一个人表现出自卑，他可能也很自恋。听完，可能你会觉得有些奇怪。

　　在我刚学习心理咨询时，曾听过一个案例。来访者说："老师，我特别自卑，觉得自己自卑到无可救药。"老师则说："对你很自卑这件事，你倒是很自信啊！"来访者当时就愣住了。这个故事让我印象深刻。

　　为什么说自卑和自恋是一个硬币的两面？因为每个人的状态都很多变。有时候，我们会以饥饿、虚弱、无力的状态表达自己，有时候我们又会用无所不能、优越、被需要的状态去掩盖内在的虚弱。每个人都会在不同时刻呈现出不同的状态，有正常的自恋，也有正常的自卑。

过度自恋是一种常见的人格障碍的表现。其内在的自我结构是怎样的呢？自体心理学理论认为，人的内在由夸大自体和饥饿自体两部分组成。其中，夸大自体占四分之三，包括真实的自我、理想化的自我以及理想化的客体。真实的自我，是指现实状态下的自己。理想化的自我就是自己认为自己应该成为的状态。他人就是理想化的客体。

举个例子，如果我认为自己是公主，我的伴侣是王子，那公主就是我理想化的自我，我的伴侣就是理想化的客体。我会期待自己像公主一样，对方像王子一样，我们过上童话般幸福、快乐的生活。显然，这是不符合现实的。

剩下的四分之一就是饥饿自体。饥饿自体指的是不被自己接纳的那部分自己和被自己贬低的客体。认为父亲是个特别差劲的人，从中我们可以看出不被接纳的自己——我是差劲的人的孩子和被贬低的客体——我的差劲的父亲，这两部分共同构成了饥饿的自我。

自恋呈现的就是夸大自我的部分，包括理想化的自我和理想化的客体。自卑呈现的是饥饿自我的部分。每个人的内在都有这些不同部分同时存在。

过度理想化会导致过度的自恋，产生自恋型人格障碍。自恋型人格障碍有一些明显的特点。第一个特点是认为自己很重要、很特别。第二个特点是幻想自己一定会成功。有一位来访者是汽车维修工。他的困扰是，相亲对象总是很难让他满意。当我问他，期待的相亲对象是什么样子时，他说："我觉得她应该比我高，我165cm，她至少得168cm，这样我们的孩子就能长得高一些。她的学历应该在大专以上，因为我只有初中文化。如果她学历高一些，孩子可能会聪明一些，这对孩子的教育成长也更有利。我还希望对方长得漂亮，至少要赏心悦目。对方的原生家庭要完整、和睦，不可以有被抛弃、家暴、留守的经历。另

外，她最好还有一份稳定的工作，因为我的收入不是
很高。"

听完，我立马就说："小伙子，你的想法真的特
别美好，这些条件都没有问题。那么，对于自己能够
成功娶到这样的妻子，你想象的基础是什么呢？"
他就说："我觉得我老婆应该是那个样子。"可以
看到，这就是一种对自己能够成功而且必须成功的
幻想。

自恋的第三个特点是极度渴望被关注和被仰慕。
有的人无论说什么话，都希望别人认可自己。不管是
在工作场合，还是在家里，如果别人没有对自己的观
点表示认同或者赞扬，他就有可能生气、悲伤，甚至
有可能陷入低落的情绪中无法自拔。

自恋的第四个特点是对自尊过度敏感，有着不符
合现实、过度的反应。有一个来访者跟我说，闺蜜对
她特别不尊重。因为每一次她跟她闺蜜相约去逛街，
都让她很不开心。

她说："不是我心眼小，可是她每一次定的见面地点都离她家稍微近一些，比如我走到那儿要10分钟，她走到那儿可能只要7分钟。"我问她这说明了什么。她说："这说明，其实她根本就不尊重我，想占我的便宜。我特别生气。"

这就是对自尊的过度敏感。走7分钟还是10分钟，能有多大的差距呢？这样的人会特别敏感，始终保持高度警惕，会无端猜测对方是不是又不尊重她了。这种警惕带来的情绪反应也是过激的。

自恋的第五个特点是有着不切实际的人际关系幻想。有一次，我出差去外地录制节目，节目组请来了一位来自北京的教授。在我们一起录像的两天里，这位老师跟编导、嘉宾甚至导演都会吵架、抬杠。他在人际关系上有着强烈的理想化期待，要凸显自己的正确，让别人信任他，对他表示欣赏和崇拜，所以他在人际关系层面出现了很多问题。如果你只有踩在别人的身上，才能显出高大，那别人能受得了吗？可能刚开始相处，别人还能跟你客气。长此以往，没有人能受得了一直处于被压制的状态。

自恋的第六个常见的特点是凡事都认为自己理所应当。有人在高铁即将出发时，跨在车门和站台中间，不让高铁发车，只为等他还没进站的家人。另一个人在高铁上坐了别人的座位，经提醒后，他居然说："我就应该坐这儿，因为是我先坐的！"听起来，简直毫无道理可言。但他们就认为自己所做的是理所应当的。

自恋的第七个特点是在人际关系层面存在剥削他人的现象，也就是说，不管别人的感受，控制别人的意志、情感，实现他的目标，达到他的目的，满足他的需求。

第八个特点是缺乏共情的能力。有一位妈妈习惯每天接送孩子，从上学到上班，直到孩子27岁。有一天，妈妈突然闯入孩子的办公室，把卫生巾搁在桌上，说："我刚洗床单的时候，看见上面有血，知道你来月经了。怕你没带卫生巾，我就赶紧给你送来。"这个女孩当时就崩溃了，号啕大哭，并且开始抽自己。当母女俩一起来做咨询时，妈妈说："我完全不能理解她为什么会这样，我这不是爱她，为她好嘛！" 这就是完全没有共情他人的能力，也是自恋的表达。

　　我们每个人都有一定程度的自恋和自卑，自恋让我们有信心、有力量，自卑让我们更加努力地去成长和完善自己。当自恋和自卑都在恰当的范围时，其对我们不会造成破坏性的影响。一旦自卑和自恋过度，我们就将活在焦虑、不安和愤怒当中。

第二十五章

你到底在恐惧什么？

恐惧，是人类生存的重要动力来源。从出生起，我们就时刻伴随着恐惧感。

弗洛伊德提出了本我、自我和超我的人格结构理论。本我，就是想做什么就做什么，想吃就吃，想睡就睡，想玩就玩，想破坏就破坏。一旦让本我随心所欲，人就会受到惩罚或承担一定的后果。超我会对我们的行为和思想进行管理。每个人在成长中都会形成超我，这源于我们对于被惩罚或者灾难性后果的恐惧。

有一位来访者曾告诉我，对他而言，死亡特别可怕。他的小姨夫五十多岁，生活方式一直很糟糕，不但酗酒还家暴，突然间查出了肝癌，而且癌细胞已经转移。他感到非常震惊，特别怕死，所以我们讨论了很多关于死亡的话题。在这个案例中，当死亡出现时，当事人会对死亡产生异常的恐惧感。

恐惧伴随着我们的一生，也会成为我们建设自己、实现自己十分重要的内在驱力。所以，恐惧是一个需要我们不断思考和讨论的主题。

客体心理学中的客体关系是我们的内在世界对关系的体验感。每个人外部的表现和内在可能是不一致的。我们内在世界的建构是和我们的客体关系——我们和父母的关系——密不可分的。客体关系可以成为缓解恐惧的重要来源，也可以成为让恐惧泛化，或是以象征化方式表达恐惧的源头。

如果父母有良好的思考能力，能控制自己的情绪，有处理家庭关系的能力，那么对孩子来说，客体关系就是比较稳定、安全的，孩子就能够专注地发展自我，更好地体验父母跟他的情感互动。这样的孩子能发展出坚定、自信、积极的人格。

一位来访者有躁郁症的表现，常常在家发脾气。

她七岁多的儿子最近总说害怕，上厕所时说害怕马桶里有虫子爬，吃饭时害怕饭里有蜘蛛。这个男孩尤其害怕蜘蛛。

我跟这个孩子交流了两次，终于明白了他内在的恐惧到底是什么。蜘蛛就是一个象征，蜘蛛能结网，网能把小虫子粘住，让它挣脱不开。等蜘蛛爬过来，就会把这个虫子吃掉。这个孩子感觉妈妈一会儿暴躁，一会儿温柔，一会儿悲伤，一会儿无助。妈妈悲伤时，他要安慰她；妈妈暴躁时，他会被责备。这个孩子成了妈妈的情绪网中被粘住的那只小虫子，有一种被妈妈吞噬掉的感觉。在象征层面，这其实就是孩子在表达对妈妈的恐惧感。

一位来访者特别害怕蛇。别说看见蛇，她一想起蛇，都会浑身起鸡皮疙瘩，腿发软，感到要窒息了。有一次，丈夫带着儿子逛庙会，买回来的玩具是一根棍上系条绳子，上面挂了一只纸做的小蛇，非常逼真。回到家，儿子兴高采烈地把玩具展示给她看，结果她直接晕过去了。这个来访者从未被蛇咬过，甚至她只是在电视上见过蛇，为什么她对蛇会有这么强烈的恐惧感呢？在跟她进一步的交流中，我了解到，她成长中的创伤经历是她在五六岁时曾被人猥亵。所以，对她而言，蛇象征着一种性的入侵。

并不是说害怕蛇就一定是性恐惧，也有可能源于对自己攻击性的压抑。如果一个人有很多攻击性，但他不允许自己释放出来，那么当他看到具有强烈攻击性的蛇时，就会将它投射到蛇身上，变得很怕蛇。

在心理学中，很多东西都具有象征意义。汽车象征人的自我状态，表达的可能是"我可以驾驭自己，随心所欲地行走"。很多人有路怒症，其实也是把内在自我的象征投射到了汽车上。

我们人类还有一个共同的特点，那就是怕黑。黑暗象征着无助、恐怖、死亡等。有些人特别怕黑，晚上睡觉必须开灯，其实就是把内在对于死亡的恐惧投射到黑暗上。

　　有些人害怕走过街天桥，因为他内心压抑着愤怒和破坏性。当他走到过街天桥上时，就会有一种控制不住想要跳下去的冲动。他觉得很可怕，所以不敢走过街天桥。

　　还有一些人害怕毛绒玩具，害怕小猫、小狗等一切有毛的东西。从动力学的角度来看，毛茸茸的东西象征着婴儿的皮肤。皮肤是婴儿感受世界的重要渠道，是非常敏锐的雷达接收器。当妈妈把婴儿抱在怀里时，妈妈皮肤上细微的绒毛跟婴儿的绒毛接触，这对孩子来说意味着温暖、幸福和安全。

　　如果婴儿出生后，妈妈不能给孩子提供皮肤接触，孩子就可能会压抑自己内在对于柔软的、温暖的东西的渴望。这种压抑的现实表达就是"这个东西是可怕、不好、肮脏的，我不需要这个东西"。人在现实中就会讨厌毛绒玩具，觉得它们很脏，容易有细菌，或者见到小猫、小狗这些带毛的动物就会感到害怕。

　　恐惧是一种象征性的表达。广场恐惧症、幽闭恐惧症、飞行恐惧症等，在动力学上都有较为清晰的象征层面的解释。比如，一个人特别渴望远行，成为一个自由的生命，但由于跟父母情感的牵绊、自我的责任感或者超我的压迫，他不允许自己远行，于是在现实层面就会表现为广场恐惧症、飞行恐惧症等。这其实是把恐惧具象化，变成恐惧某个事物或者某个环境。

　　有一位来访者在女儿上大学后，出现了脸部肌肉抽搐的症状。她去看了医生，做了很多检查，没有查出任何问题。在排除生理原因后，她来做心理咨询。在交流中我发现，她的面部抽搐源于她感觉自己无法进入女儿的世界，无法与女儿靠近，不再是女儿生命中重要的人。作为妈妈，她缺乏存在的安全感，没有跟女儿建立紧密关系的能力，于是她就产生了对于关系丧失的恐惧，而面部抽搐正是这种恐惧的象征性表达。

　　当我们在生活中有这样或那样的恐惧时，如果我们仅仅关注恐惧的表现，就不能真正地触及恐惧本身。蛇看起来很可怕，但它不至于可怕到让我们无法生活；坐飞机会让人有点儿紧张、不舒服，但不至于让人害怕到脸色发白，直冒冷汗。到底是什么让我们在面对相同事物时呈现出的恐惧反应有如此大的差别呢？答案肯定不是胆子大或小。对恐惧的反应一定和我们内在对它的理解，它在象征层面上代表什么有关。这是我们要去深入理解和思考的。

　　只有我们真正地走进黑暗，在黑暗中安静下来，才有可能看清楚黑暗中的事物；只有当我们走进恐惧，明白恐惧的到底是什么时，恐惧才会消失。